INTERNATIONAL MATHEMATICAL OLYMPIADS

1959～1963　　第1卷

- 主编　佩捷
- 副主编　冯贝叶

多解　推广　加强

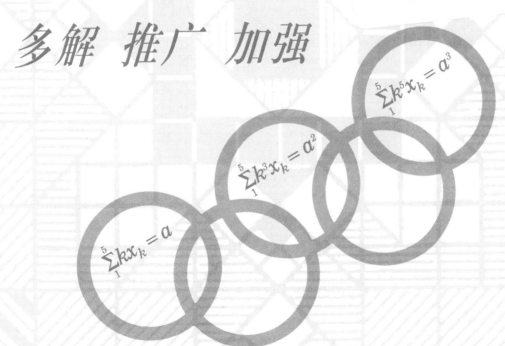

哈尔滨工业大学出版社
HARBIN INSTITUTE OF TECHNOLOGY PRESS

内容简介

本书汇集了第 1 届至第 5 届国际数学奥林匹克竞赛试题及解答。该书广泛搜集了每道试题的多种解法,且注重初等数学与高等数学的联系,更有出自数学名家之手的推广与加强。本书可归结出以下四个特点,即收集全、解法多、观点高、结论强。

本书适合于数学奥林匹克竞赛选手和教练员、高等院校相关专业研究人员及数学爱好者使用。

图书在版编目(CIP)数据

IMO 50 年. 第 1 卷,1959～1963/佩捷主编.—哈尔滨:哈尔滨工业大学出版社,2014.11(2021.12 重印)
ISBN 978-7-5603-4959-6

Ⅰ.①I… Ⅱ.①佩… Ⅲ.①中学数学课-题解 Ⅳ.①G634.605

中国版本图书馆 CIP 数据核字(2014)第 237161 号

策划编辑	刘培杰 张永芹
责任编辑	张永芹 王勇钢
封面设计	孙茵艾
出版发行	哈尔滨工业大学出版社
社　　址	哈尔滨市南岗区复华四道街 10 号 邮编 150006
传　　真	0451-86414749
网　　址	http://hitpress.hit.edu.cn
印　　刷	哈尔滨市石桥印务有限公司
开　　本	787mm×1092mm 1/16 印张 11 字数 204 千字
版　　次	2014 年 11 月第 1 版 2021 年 12 月第 2 次印刷
书　　号	ISBN 978-7-5603-4959-6
定　　价	28.00 元

(如因印装质量问题影响阅读,我社负责调换)

前 言 | Foreword

法国教师于盖特·昂雅勒朗·普拉内斯在与法国科学家、教育家阿尔贝·雅卡尔的交谈中表明了这样一种观点:"若一个人不'精通数学',他就比别人笨吗"?

"数学是最容易理解的.除非有严重的精神疾病,不然的话,大家都应该是'精通数学'的.可是,由于大概只有心理学家才可能解释清楚的原因,某些年轻人认定自己数学不行.我认为其中主要的责任在于教授数学的方式."

"我们自然不可能对任何东西都感兴趣,但数学更是一种思维的锻炼,不进行这项锻炼是很可惜的.不过,对诗歌或哲学,我们似乎也可以说同样的话."

"不管怎样,根据学生数学上的能力来选拔'优等生'的不当做法对数学这门学科的教授是非常有害的."(阿尔贝·雅卡尔,于盖特·昂雅勒朗·普拉内斯.《献给非哲学家的小哲学》.周冉,译.广西师范大学出版社,2001,96)

这本题集不是为老师选拔"优等生"而准备的,而是为那些对 IMO 感兴趣,对近年来中国数学工作者在 IMO 研究中所取得的成果感兴趣的读者准备的资料库.展示原味真题,提供海量解法(最多一题提供 20 余种不同解法,如第 3 届 IMO 第 2 题),给出加强形式,尽显推广空间,是我国建国以来有关 IMO 试题方面规模最大、收集最全的一本题集,从现在看,以"观止"称之并不为过.

前中国国家射击队的总教练张恒是用"系统论"研究射击训练的专家,他曾说:"世界上的很多新东西,其实不是'全新'的,就像美国的航天飞机,总共用了 2 万个已有的专利技术,真正的创造是它在总体设计上的新意."(胡廷楣.《境界——关于围棋文化的思考》.上海人民出版社,1999,463)本书的编写又何尝不是如此呢,将近 100 位专家学者给出的多种不同解答放到一起也是一种创造.

如果说这部题集可比作一条美丽的珍珠项链的话,那么编者所做的不过是将那些藏于深海的珍珠打捞起来并穿附在一条红线之上,形式归于红线,价值归于珍珠.

首先要感谢江仁俊先生,他可能是国内最早编写国际数学奥林匹克题解的先行者(1979 年,笔者初中毕业,同学姜三勇(现为哈工大教授)作为临别纪念送给笔者的一本书就是江仁俊先生编的《国际中学生数学竞赛题解》(定价仅 0.29 元),并用当时叶剑英元帅的诗词做赠言:"科学有险阻,苦战能过关."27 年过去仍记忆犹新).所以特引用了江先生的一些解法.江苏师范学院(今年刚刚去世的华东师范大学的肖刚教授曾在该校外语专业读过)是我国最早介入 IMO 的高校之一,毛振璇、唐起汉、唐复苏三位老先生亲自主持从德文及俄文翻译 1~20 届题解.令人惊奇的是,我们发现当时的插图绘制居然是我国的微分动力学专家"文化大革命"后北大的第一位博士张筑生教授,可惜天妒英才,张筑生教授英年早逝,令人扼腕(山东大学的杜锡录教授同样令人惋惜,他也是当年数学奥林匹克研究的主力之一).本书的插图中有几幅就是出自张筑生教授之手[22].另外中国科技大学是那时数学奥林匹克研究的重镇,可以说上世纪 80 年代初中国科技大学之于现代数学竞赛的研究就像哥廷根 20 世纪初之于现代数学的研究.常庚哲教授、单壿教授、苏淳教授、李尚志教授、余红兵教授、严镇军教授当年都是数学奥林匹克研究领域的旗帜性人物.本书中许多好的解法均出自他们[4],[13],[19],[20],[50].目前许多题解中给出的解法中规中矩,语言四平八稳,大有八股遗风,仿佛出自机器一般,而这几位专家的解答各有特色,颇具个性.记得早些年笔者看过一篇报道说常庚哲先生当年去南京特招单壿与李克正去中国科技大学读研究生,考试时由于单壿基础扎实,毕业后一直在南京女子中学任教,所以按部就班,从前往后答,而李克正当时是南京市的一名工人,自学成才,答题是从后往前答,先答最难的一题,风格迥然不同,所给出的奥数题解也是个性化十足.另外,现在流行的 IMO 题解,历经多人之手已变成了雕刻后的最佳形式,用于展示很好,但用于教学或自学却不适合,有许多学生问这么巧妙的技巧是怎么想到的,我怎么想不到,容易产生挫败感,就像数学史家评价高斯一样,说他每次都是将脚手架拆去之后再将他建筑的宏伟大厦展示给其他人.使人觉得突兀,景仰之后,备受挫折.高斯这种追求完美的做法大大延误了数学的发展,使人们很难跟上他的脚步,这一点从潘承彪教授、沈永欢教授合译的《算术探讨》中可见一斑.所以我们提倡,讲思路,讲想法,表现思考过程,甚至绕点弯子,都是好的,因为它自然,贴近读者.

中国数学竞赛活动的开展与普及与中国革命的农村包围城市,星星之火可以燎原的方式迥然不同,是先在中心城市取得成功后再向全国蔓延,而这种方式全赖强势人物推进,从华罗庚先生到王寿仁先生再到裘宗沪先生,以他们的威望与影响振臂一呼,应者云集,数学奥林匹克在中国终成燎原之势,他们主持编写的参考书在业内被奉为圭臬,我们必须以此为标准,所以引用会时有发生,在此表示感谢.

中国数学奥林匹克能在世界上有今天的地位,各大学的名家们起了重要的理论支持作用.北京大学的王杰教授、复旦大学的舒五昌教授、首都师范大学的梅向明教授、华东师范大学的熊斌教授、中国科学院的许以超研究员、南开大学的李成章教授、合肥工业大学的苏化明教授、杭州师范学院的赵小云教授、陕西师范大学的罗增儒教授等,他们的文章所表现的高瞻周览、探赜索隐的识力,已达到炉火纯青的地步,堪称为中国 IMO 研究的标志.如果说多样性是生物赖以生存的法则,那么百花齐放,则是数学竞赛赖以发展的基础.我们既希望看到像格罗登迪克那样为解决一批具体问题而建造大型联合机械式的宏大构思型解法,也盼望有像爱尔特希那样运用最少的工具以娴熟的技能做庖丁解牛式剖析型解法出现.为此本书广为引证,也向各位提供原创解法的专家学者致以谢意.

编者为图"文无遗珠"的效果,大量参考了多家书刊杂志中发表的解法,也向他们表示谢意.

特别要感谢湖南理工大学的周持中教授、长沙铁道学院的肖果能教授、广州大学的吴伟朝教授以及顾可敬先生.他们四位的长篇推广文章读之,使我不能不三叹而三致意,收入本书使之增色不少.

最后要说的是由于编者先天不备,后天不足,斗胆尝试,徒见笑于方家.

哲学家休谟在写自传的时候,曾有一句话讲得颇好:"一个人写自己的生平时,如果说得太多,总是免不了虚荣的."这句话同样也适合于一本书的前言,写多了难免自夸,就此打住是明智之举.

刘培杰
2014 年 10 月

目录 | Contest

第一编　第 1 届国际数学奥林匹克 1

第 1 届国际数学奥林匹克题解 3
第 1 届国际数学奥林匹克英文原题 16
第 1 届国际数学奥林匹克各国成绩表 18

第二编　第 2 届国际数学奥林匹克 19

第 2 届国际数学奥林匹克题解 21
第 2 届国际数学奥林匹克英文原题 33
第 2 届国际数学奥林匹克各国成绩表 35

第三编　第 3 届国际数学奥林匹克 37

第 3 届国际数学奥林匹克题解 39
第 3 届国际数学奥林匹克英文原题 66
第 3 届国际数学奥林匹克各国成绩表 68

第四编　第 4 届国际数学奥林匹克 69

第 4 届国际数学奥林匹克题解 71
第 4 届国际数学奥林匹克英文原题 98
第 4 届国际数学奥林匹克各国成绩表 100

第五编　第 5 届国际数学奥林匹克 101

第 5 届国际数学奥林匹克题解 103
第 5 届国际数学奥林匹克英文原题 117
第 5 届国际数学奥林匹克各国成绩表 119

附录　IMO 背景介绍 121

第 1 章　引言 123
　第 1 节　国际数学奥林匹克 123

第 2 节　IMO 竞赛 …………………………………………………………… 124

第 2 章　基本概念和事实 ………………………………………………………… 125
　　第 1 节　代数 ………………………………………………………………… 125
　　第 2 节　分析 ………………………………………………………………… 129
　　第 3 节　几何 ………………………………………………………………… 130
　　第 4 节　数论 ………………………………………………………………… 136
　　第 5 节　组合 ………………………………………………………………… 139

参考文献　143

后记　151

第一编
第1届国际数学奥林匹克

第1届国际数学奥林匹克题解

罗马尼亚,1959

1 证明:分数 $\dfrac{21n+4}{14n+3}$ 对任何自然数 n 皆不可约.

波兰命题

证法 1 对 $\dfrac{21n+4}{14n+3}$ 作辗转相除法如下,即

$$1 \begin{array}{|c|c|} 21n+4 & 14n+3 \\ 14n+3 & 14n+2 \\ \hline 7n+1 & 1 \end{array} 2$$

由此可知,最后的余数为 1,即

$$(21n+4, 14n+3) = 1$$

所以分数 $\dfrac{21n+4}{14n+3}$ 对任何自然数 n 皆不可约.

证法 2 假设 $\dfrac{21n+4}{14n+3}$ 对任何自然数 n 可约,则因

$$\frac{21n+4}{14n+3} = 1 + \frac{7n+1}{14n+3}$$

故 $\dfrac{7n+1}{14n+3}$ 可约,从而它的倒数 $\dfrac{14n+3}{7n+1}$ 可约.

类似地,又化假分数 $\dfrac{14n+3}{7n+1}$ 为带分数,即

$$\frac{14n+3}{7n+1} = 2 + \frac{1}{7n+1}$$

于是 $\dfrac{1}{7n+1}$ 亦必可约,但对任何自然数 n,真分数 $\dfrac{1}{7n+1}$ 显然皆不可约,因此导致矛盾.证毕.

证法 3 设 $21n+4$ 与 $14n+3$ 的最大公约数为 d,则

$$21n+4 = pd \qquad ①$$
$$14n+3 = qd \qquad ②$$

其中,p, q 皆为正整数.

由 ①,② 消去 n 并整理,得

$$(3q-2p)d = 1 \qquad ③$$

分析 显然,对任何自然数 n,关于 n 的一次式 $21n+4, 14n+3$ 皆为正整数,并且 $21n+4 > 14n+3$,从而 $\dfrac{21n+4}{14n+3}$ 表示一系列的假分数.

欲证分数 $\dfrac{21n+4}{14n+3}$ 不可约,即证 $21n+4$ 与 $14n+3$ 互素,也就是证其最大公约数 $(21n+4, 14n+3) = 1$ 而两正数是否互素的判别及最大公约数的求法,又可直接利用辗转相除法实现,因此得知本题的一般证法.

此外,如下述的证法 3,先设其最大公约数为 d,再证 $d = 1$ 亦可.

由于 p,q 皆为正整数,所以 $3q-2p$ 为整数.因此,要 ③ 成立,必须正整数 $d=1$.证毕.

> **❷** 对于 x 的哪些实数值,下列等式成立:
> (1) $\sqrt{x+\sqrt{2x-1}}+\sqrt{x-\sqrt{2x-1}}=\sqrt{2}$;
> (2) $\sqrt{x+\sqrt{2x-1}}+\sqrt{x-\sqrt{2x-1}}=1$;
> (3) $\sqrt{x+\sqrt{2x-1}}+\sqrt{x-\sqrt{2x-1}}=2$.
> 这里根式仅表算术根.

罗马尼亚命题

解法 1 将等式左边用 y 表示,因 $x \geqslant \frac{1}{2}$,故可作如下变形

$$y = \sqrt{x+\sqrt{2x-1}}+\sqrt{x-\sqrt{2x-1}} =$$
$$\frac{1}{\sqrt{2}}(\sqrt{2x+2\sqrt{2x-1}}+\sqrt{2x-2\sqrt{2x-1}}) =$$
$$\frac{\sqrt{2}}{2}(\sqrt{(\sqrt{2x-1})^2+2\sqrt{2x-1}+1} +$$
$$\sqrt{(\sqrt{2x-1})^2-2\sqrt{2x-1}+1}) =$$
$$\frac{\sqrt{2}}{2}(\sqrt{(\sqrt{2x-1}+1)^2}+\sqrt{(\sqrt{2x-1}-1)^2}) =$$
$$\frac{\sqrt{2}}{2}((\sqrt{2x-1}+1)+|\sqrt{2x-1}-1|)$$

为去绝对值符号,下面分两种情况讨论.

ⅰ 若 $\frac{1}{2} \leqslant x \leqslant 1$,则有
$$1 \leqslant 2x \leqslant 2, 0 \leqslant 2x-1 \leqslant 1, 0 \leqslant \sqrt{2x-1} \leqslant 1$$
此时
$$y = \frac{\sqrt{2}}{2}((\sqrt{2x-1}+1)+(1-\sqrt{2x-1})) = \frac{\sqrt{2}}{2} \cdot 2 = \sqrt{2}$$

ⅱ 若 $x > 1$,则有
$$2x > 2, 2x-1 > 1, \sqrt{2x-1} > 1$$
此时
$$y = \frac{\sqrt{2}}{2}((\sqrt{2x-1}+1)+\sqrt{2x-1}-1) = \sqrt{2} \cdot \sqrt{2x-1}$$

总之,我们得到:

(1) 当 $\frac{1}{2} \leqslant x \leqslant 1$ 时,等式
$$\sqrt{x+\sqrt{2x-1}}+\sqrt{x-\sqrt{2x-1}}=\sqrt{2}$$

分析 由题设知,$x \geqslant \frac{1}{2}$ 是研究问题的前提,否则,二次根号下将出现负值.

在 $x \geqslant \frac{1}{2}$ 的许可值范围内,可以对函数
$$\sqrt{x+\sqrt{2x-1}} + \sqrt{x-\sqrt{2x-1}}$$
进行讨论得到答案,或按根式方程求解.

由于函数表达式是含有两层根号的复合二次根式,首先考虑化简函数式是必要的.

成立;

(2) 因为在 $x \geqslant \dfrac{1}{2}$ 的定义域内,函数 y 的值不小于 $\sqrt{2}$,故对 x 的任何实数值,等式
$$\sqrt{x+\sqrt{2x-1}}+\sqrt{x-\sqrt{2x-1}}=1$$
都不能成立;

(3) 当 $x>1$ 时,原等式变为
$$\sqrt{2}\cdot\sqrt{2x-1}=2$$
解得
$$x=\dfrac{3}{2}$$
即当 $x=\dfrac{3}{2}$ 时,等式
$$\sqrt{x+\sqrt{2x-1}}+\sqrt{x-\sqrt{2x-1}}=2$$
成立.

解法 2 因 $\sqrt{2x-1}$ 是实数,故 $x\geqslant\dfrac{1}{2}$. 设
$$\sqrt{x+\sqrt{2x-1}}+\sqrt{x-\sqrt{2x-1}}=p$$
整理得
$$x+\mid x-1\mid=\dfrac{p^2}{2} \qquad ①$$

ⅰ 若 $p=\sqrt{2}$,则
$$x+\mid x-1\mid=1 \qquad ②$$
当 $x>1$ 时,式 ② 不可能成立;当 $\dfrac{1}{2}\leqslant x\leqslant 1$ 时,式 ② 恒成立.

ⅱ 若 $p=1$,则
$$x+\mid x-1\mid=\dfrac{1}{2} \qquad ③$$
无论 x 为何实数,式 ③ 均不成立.

ⅲ 若 $p=2$,则
$$x+\mid x-1\mid=2 \qquad ④$$
此时 x 必大于 1,故式 ④ 可写成
$$2x-1=2$$
解得 $x=\dfrac{3}{2}$.

因此本题解为.

(1) $\dfrac{1}{2}\leqslant x\leqslant 1$ 时
$$\sqrt{x+\sqrt{2x-1}}+\sqrt{x-\sqrt{2x-1}}=\sqrt{2}$$

(2) 对任何实数 x,都不能使

成立;

(3) 当 $x = \dfrac{3}{2}$ 时,等式
$$\sqrt{x+\sqrt{2x-1}} + \sqrt{x-\sqrt{2x-1}} = 2$$
成立.

解法 3 设 $x - \sqrt{2x-1}$ 的平方根为 $\sqrt{s} - \sqrt{t}$,则
$$x - \sqrt{2x-1} = s + t - 2\sqrt{st}$$
所以
$$s+t = x, 4st = 2x-1$$

解之并把 s, t 值代入得
$$\sqrt{x-\sqrt{2x-1}} = \dfrac{1}{\sqrt{2}}|\sqrt{2x-1}-1|$$

同样可得
$$\sqrt{x+\sqrt{2x-1}} = \dfrac{1}{\sqrt{2}}(\sqrt{2x-1}+1)$$

令
$$y = \dfrac{1}{\sqrt{2}}((\sqrt{2x-1}+1)+|\sqrt{2x-1}-1|)$$

因 $\sqrt{2x-1}$ 取非负实数值,故 $x \geqslant \dfrac{1}{2}$. 我们分别考虑以下两种情形.

ⅰ $\dfrac{1}{2} \leqslant x \leqslant 1$. 这时
$$y = \dfrac{1}{\sqrt{2}}((\sqrt{2x-1}+1)+(1-\sqrt{2x-1})) = \sqrt{2}$$

ⅱ $1 < x < \infty$. 这时
$$y = \dfrac{1}{\sqrt{2}}((\sqrt{2x-1}+1)+(\sqrt{2x-1}-1)) = \sqrt{2} \cdot \sqrt{2x-1}$$

综合 ⅰ, ⅱ 的结果,给出本题的解答如下.

(1) 当 $\dfrac{1}{2} \leqslant x \leqslant 1$ 时,$y = \sqrt{2}$ 成立;

(2) 没有 x 的值能满足 $y = 1$,因为 y 的最小值是 $\sqrt{2}$;

(3) 当 $\sqrt{2} \cdot \sqrt{2x-1} = 2$ 时,即 $x = \dfrac{3}{2}$ 时,$y = 2$ 成立.

❸ 设 $\cos x$(实数)满足二次方程
$$a \cdot \cos^2 x + b \cdot \cos x + c = 0$$
其中 a, b, c 是实数,求 $\cos 2x$ 所满足的一个二次方程. 在 $a = 4, b = 2$ 和 $c = -1$ 的情况下,将此二次方程进行比较.

匈牙利命题

解法 1 将题设方程
$$a \cdot \cos^2 x + b \cdot \cos x + c = 0 \qquad ①$$

变形,即
$$a \cdot \cos^2 x + c = -b \cdot \cos x \qquad ②$$
②$^2 \times 4$,并整理得
$$a^2(2\cos^2 x)^2 + (4ac - 2b^2)2\cos^2 x + 4c^2 = 0 \qquad ③$$
将 $2\cos^2 x = \cos 2x + 1$ 代入③,得
$$a^2(\cos 2x + 1)^2 + (4ac - 2b^2)(\cos 2x + 1) + 4c^2 = 0$$
$$a^2 \cdot \cos^2 2x + (2a^2 + 4ac - 2b^2)\cos 2x + a^2 +$$
$$4ac - 2b^2 + 4c^2 = 0 \qquad ④$$
显然,④是要求的 $\cos 2x$ 所满足的一个二次方程.

将 $a = 4, b = 2$ 和 $c = -1$ 代入①,得
$$4\cos^2 x + 2\cos x - 1 = 0 \qquad ⑤$$
代入④,得
$$4\cos^2 2x + 2\cos 2x - 1 = 0 \qquad ⑥$$
⑤与⑥比较易知:在该种情况下,它们都是系数完全相同的一元二次方程,只不过一个以 $\cos x$ 为元,另一个则以 $\cos 2x$ 为元.

解法 2 根据韦达(Vieta)定理,题设方程两根有如下关系,即
$$\cos x_1 + \cos x_2 = -\frac{b}{a}, \quad \cos x_1 \cdot \cos x_2 = \frac{c}{a}$$
$$\cos 2x_1 + \cos 2x_2 = 2(\cos^2 x_1 + \cos^2 x_2 - 1) =$$
$$2((\cos x_1 + \cos x_2)^2 - 2\cos x_1 \cdot \cos x_2 - 1) =$$
$$2\left(\left(-\frac{b}{a}\right)^2 - 2 \cdot \frac{c}{a} - 1\right) =$$
$$\frac{-(2a^2 + 4ac - 2b^2)}{a^2}$$
$$\cos 2x_1 \cdot \cos 2x_2 = (2\cos^2 x_1 - 1)(2\cos^2 x_2 - 1) =$$
$$4(\cos x_1 \cdot \cos x_2)^2 - 2(\cos^2 x_1 + \cos^2 x_2) + 1 =$$
$$4\left(-\frac{b}{a}\right)^2 - 2\left(\left(-\frac{b}{a}\right)^2 - 2 \cdot \frac{c}{a}\right) + 1 =$$
$$\frac{a^2 + 4ac - 2b^2 + 4c^2}{a^2}$$
因此,要求的 $\cos 2x$ 所满足的二次方程为
$$a^2 \cdot \cos^2 2x + (2a^2 + 4ac - 2b^2)\cos 2x + a^2 + 4ac - 2b^2 + 4c^2 = 0$$
关于题设方程与所求方程的比较,同解法1.

❹ 试作一直角三角形,其斜边 c 给定,且使 c 边上的中线为二直角边的几何中项.

匈牙利命题

解法 1 由分析得到如下的作法(图 1.2).

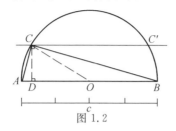

图 1.2

1) 作线段 $AB = c$(已知的);
2) 以 AB 为直径作圆 O;
3) 作直线 $CC' \parallel AB$,使 CC' 与 AB 的距离为 $\frac{c}{4}$,CC' 与圆 O 交于 C, C';
4) 联结 AC, BC(或 AC', BC'),则 $\triangle ABC$(或 $\triangle ABC'$) 即为所求.

事实上,由 1),2) 可知 $\triangle ABC$ 显然是斜边为 c 的直角三角形;接下来只需证明 "Rt$\triangle ABC$ 斜边上的中线为二直角边的几何中项" 即可.

联结 OC,则 $OC = \frac{AB}{2} = \frac{c}{2}$;又过 C 作 $CD \perp AB$,D 为垂足,则由 3) 知 $CD = \frac{c}{4}$. 于是,我们有
$$OC^2 = \left(\frac{c}{2}\right)^2 = \frac{c}{4} \cdot c = CD \cdot AB = AC \cdot BC$$
对作图无误的证明至此结束.

解法 2 用代数法作图. 在 Rt$\triangle ABC$ 中,斜边 $AB = c$,斜边上的中线 $OC = \frac{c}{2}$ 为已知,设 $AC = t, BC = u$,如图 1.3 所示,则有
$$tu = \left(\frac{c}{2}\right)^2 \qquad ①$$
$$t^2 + u^2 = c^2 \qquad ②$$
$2 \times ① + ②$ 可得
$$(t+u)^2 = \frac{3}{2}c^2$$
两边开平方取正值,得
$$t + u = \frac{\sqrt{6}}{2}c \qquad ③$$
①,③ 联立,t, u 分别是一元二次方程
$$x^2 - \left(\frac{\sqrt{6}}{2}c\right)x + \left(\frac{c}{2}\right)^2 = 0 \qquad ④$$

分析 求作的是一直角三角形,因斜边 c 已知,故问题在于确定第三顶点 C(即直角顶点).

本题解法不止一种,这里着重分析一种作法.

设图已完成,即 Rt$\triangle ABC$ 符合要求,如图 1.1 所示,易知点 C 在以 AB ($AB = c$) 为直径的圆 O 的圆周上. 为进一步弄清点 C 的确切位置,作斜边 AB 上的中线 OC($OC = \frac{c}{2}$) 和高 CD,则
$$\left(\frac{c}{2}\right)^2 = AC \cdot BC$$
$$AC \cdot BC = c \cdot CD$$
所以 $CD = \frac{c}{4}$,即点 C 又在平行于 AB 并与 AB 相距 $\frac{c}{4}$ 的直线 CC' 上. 因此,直角三角形的直角顶点就是圆 O 与直线 CC' 的交点.

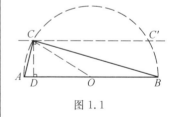

图 1.1

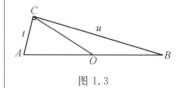

图 1.3

的两个根.显然,④ 有二正实根.因此问题归结为一元二次方程 ④ 的根的作图,而这是完全可能的(作法见"注").

如果由 ①,③,具体算出
$$t(u) = \frac{\sqrt{6}+\sqrt{2}}{4}c = c \cdot \cos 15°$$
$$u(t) = \frac{\sqrt{6}-\sqrt{2}}{4}c = c \cdot \sin 15°$$

也可先利用代数法,直接作出线段 $\frac{\sqrt{6}\pm\sqrt{2}}{4}c$,或根据角的特别值作出 $15°$ 角或 $75°$ 角,从而最后完成斜边为 c 的直角三角形的作图.

注 (1) 作图题根据所求图形位置的要求不同可分为两大类.

第一类,如果求作的图形必须作在指定的位置,则称这类作图为定位作图.例如,"过已知直线外一已知点作已知直线的平行线"就是定位作图.

第二类,如果对于所求图形的位置没有硬性的限制,这种作图叫活位作图.例如,"在定圆中作内接正方形","已知边长作正三角形"等都是活位作图.

按一定方法把作图题所求图形作出的过程,叫作解作图题.凡定位作图,能作出多少个适合条件的图形,就说有多少个"解";在活位作图里,若适合条件的图形彼此合同(通俗地就是全等),则不论能作出多少个都称为一"解",不合同的才算不同的解.无论哪类作图,当所求图形不存在时,便说这个作图题"无解".

由此可知,本题作图属活位作图,不仅有解,而且适合条件的图形彼此合同,故为一解.

(2) 关于一元二次方程的根的作图问题.

设
$$x^2 - px + qr = 0 \quad ⑤$$

($p,q,r > 0$,且 $p^2 \geq 4qr$) 的两根为 x_1 和 x_2,则
$$x_1 + x_2 = p, x_1 x_2 = qr$$

1) 自平面上任一点 O_0 引二射线 $O_0 X$ 与 $O_0 Y$,如图 1.4 所示;

2) 在 $O_0 X$ 上截 $O_0 P = \frac{1}{2}p$,在 $O_0 Y$ 上截取 $O_0 Q = q, O_0 R = r$;

3) 过 P 引 $O_0 X$ 的垂线 PO',作 QR 的中垂线 MO',O' 为此二直线的交点;

4) 以 O' 为圆心,$O'Q$($O'Q = O'R$) 为半径作圆 O',设圆 O' 与 $O_0 X$ 交于 X_1 与 X_2 两点,则 $O_0 X_1, O_0 X_2$ 即为所求的两根.

这是因为根据作法,我们有
$$O_0 X_1 + O_0 X_2 = 2O_0 P = 2 \cdot \frac{1}{2}p = p$$
$$O_0 X_1 \cdot O_0 X_2 = O_0 Q \cdot O_0 R = qr$$

将 ⑤ 与 ④ 比较,易知

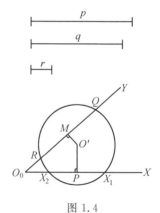

图 1.4

$$p = \frac{\sqrt{6}}{2}c, q = r = \frac{c}{2}$$

对于 $p = \frac{\sqrt{6}}{2}c$ 来说,根据勾股定理或比例中项,显然可以作出该线段;

对于 $q = r = \frac{c}{2}$ 来说,只不过 Q, R, M 三点重合罢了,所作出的图 1.4 仍然有效.

(3) 上面所列举的解法,都与作出某线段有关,如斜边上的高,两条直角边等等. 现在,我们再介绍"通过确定某角的大小来解决作图问题",当然,这就涉及三角知识了.

设所求的 Rt$\triangle ABC$ 已作出,如图 1.5 所示,则有

$$S_{\triangle OAC} = \frac{1}{2}S_{\triangle ABC} = \frac{1}{4}ab = \frac{c^2}{16}$$

又因

$$S_{\triangle OAC} = \frac{1}{2}OA \cdot OC \cdot \sin\alpha = \frac{c^2}{8}\sin\alpha$$

所以

$$\frac{c^2}{8}\sin\alpha = \frac{c^2}{16}, \sin\alpha = \frac{1}{2}, \alpha = 30°(\text{或 } 150°)$$

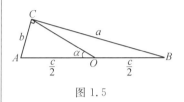

图 1.5

由此得到如下作法.

1) 作角 $\alpha = 30°$(或 $150°$);

2) 以 α 为顶角,$\frac{c}{2}$ 为腰作等腰 $\triangle AOC$(或 $\triangle BOC$);

3) 延长 AO 至 B(或 BO 至 A),使 $BO = AO$;

4) 联结 BC(或 AC),则 $\triangle ABC$ 即为所求.

事实上,由作法易知

$$\angle ACO = 75°, \angle BCO = 15°$$

因而

$$\angle ACB = \angle ACO + \angle BCO = 75° + 15° = 90°$$

又斜边 $AB = AO + OB = c$,并且

$$ab = 2S_{\triangle ABC} = 2 \cdot 2S_{\triangle OAC} = 4 \cdot \frac{1}{2} \cdot \frac{c}{2} \cdot \frac{c}{2} \cdot \sin 30° = \frac{c^2}{4} = \left(\frac{c}{2}\right)^2$$

于是,证明了作图的正确性.

---

❺ 在一平面内的线段 AB 上,任选一内点 M,然后在直线 AB 的同一侧,分别以 AM 和 MB 为边作正方形 $AMCD$ 和 $MBEF$. 这两正方形的外接圆依次为圆 P 和圆 Q,它们除相交于点 M 外,还在另一点 N 相交.

(1) 证明:直线 AF 和 BC 都通过点 N.

(2) 证明:不论线段 AB 上的点 M 怎样选取,直线 MN 总通过一固定点 R.

(3) 当点 M 在线段 AB 上变动时,确定线段 PQ 的中点的轨迹.

罗马尼亚命题

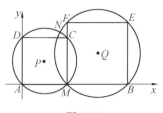

图 1.6

证法 1 建立平面直角坐标系,如图 1.6 所示.$A(0,0)$,$B(b,0)$ 为已知,设点 M 的坐标为 $(m,0)$,参变数坐标 m 随点 M 在

AB 上变动而在 0 与 b 之间变化.

(1) 因为 $AMCD$ 和 $MBEF$ 都是正方形,所以它们中心的坐标依次为 $P(\frac{m}{2},\frac{m}{2})$ 和 $Q(\frac{b+m}{2},\frac{b-m}{2})$. 于是,圆 P 和圆 Q 的方程分别为

$$(x-\frac{m}{2})^2+(y-\frac{m}{2})^2=\frac{m^2}{2}$$

即

$$x^2+y^2-mx-my=0 \quad ①$$

$$(x-\frac{b+m}{2})^2+(y-\frac{b-m}{2})^2=\frac{(b-m)^2}{2}$$

即

$$x^2+y^2-(b+m)x-(b-m)y+bm=0 \quad ②$$

① $-$ ② 得

$$bx+(b-2m)y-bm=0 \quad ③$$

易知 ③ 为通过两圆交点的直线 MN 的方程.

由 ③ 解出且 x 用 y 表示,并将结果代入 ①,整理后得到

$$(2b^2-4bm+4m^2)y^2-2bm(b-m)y=0$$

解此方程,得

$$y_1=0, y_2=\frac{bm(b-m)}{b^2-2bm+2m^2}$$

将 y 的值代入 ③,求得 x 的对应值为

$$x_1=m, x_2=\frac{bm^2}{b^2-2bm+2m^2}$$

其中,(x_1,y_1) 为点 M 的坐标,而 (x_2,y_2) 则是点 N 的坐标.

又通过 $A(0,0), F(m,b-m)$ 两点的直线方程为

$$(b-m)x-my=0 \quad ④$$

通过 $B(b,0), C(m,n)$ 两点的直线方程为

$$mx+(b-m)y-bm=0 \quad ⑤$$

容易验算,(x_2,y_2) 既满足 ④,又满足 ⑤,所以直线 AF 和 BC 都通过点 N.

(2) 将直线 MN 的方程 ③ 按 m 集项整理,得

$$m(2y+b)=b(x+y) \quad ⑥$$

因为 b 是不等于零(否则 A 与 B 重合)的给定常数,故当

$$2y+b=x+y=0 \quad ⑦$$

时,对 m 的任意实数值 ⑥ 皆成立.

由 ⑦ 得 $x=\frac{b}{2}, y=-\frac{b}{2}$,这就是固定点 R 的坐标,如图 1.7 所示. 所以,不论线段 AB 上的点 M 怎样选取,直线 MN 总通过一固

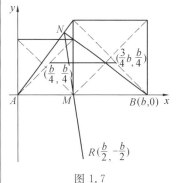

图 1.7

定点 $R(\dfrac{b}{2}, -\dfrac{b}{2})$.

(3) 根据 $P(\dfrac{m}{2}, \dfrac{m}{2})$ 和 $Q(\dfrac{b+m}{2}, \dfrac{b-m}{2})$,可求出 PQ 中点的坐标

$$x = \dfrac{1}{2}(\dfrac{m}{2} + \dfrac{b+m}{2}) = \dfrac{b+2m}{4}, \ y = \dfrac{1}{2}(\dfrac{m}{2} + \dfrac{b-m}{2}) = \dfrac{b}{4}$$

由此可知,当 m 在 0 至 b 的区间内变化时,PQ 中点的轨迹是在点 $(\dfrac{b}{4}, \dfrac{b}{4})$ 至 $(\dfrac{3b}{4}, \dfrac{b}{4})$ 之间的线段,线段的两个端点是轨迹的极限点;此线段平行于 AB,与 AB 相距 $\dfrac{b}{4}$,长为 $\dfrac{b}{2}$,如图 1.7 所示.

证法 2 这里用纯几何的方法来解决.

(1) 假定直线 AF 和 BC 相交于点 N',如图 1.8 所示. 在 $Rt\triangle AMF$ 与 $Rt\triangle CMB$ 中,因为

$$AM = CM, MF = MB$$

所以 $$Rt\triangle AMF \cong Rt\triangle CMB$$

所以 $\angle 1 = \angle 2$,所以 B, M, N', F 四点共圆 Q'.

联结 BF,则由 $\angle BMF = 90°$ 知圆 Q' 的直径为 BF,因而圆 Q' 即正方形 $MBEF$ 的外接圆 Q,所以点 N' 在圆 Q 上.

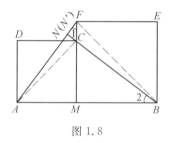

图 1.8

同理可证,点 N' 也在圆 P 上. 故 N' 是除交点 M 外,圆 P 与圆 Q 的另一交点,因而 N' 与 N 重合. 这就证明了直线 AF 和 BC 都通过点 N.

(2) 由(1)已证知 $\angle ANB = 90°$,如图 1.8 所示,故点 N 在以已知线段 AB 为直径的定圆上,设此圆为圆 O.

又联结 AC,则 $\angle ANM = \angle ACM = 45°$,因而 $\angle BNM = 45°$,即 MN 平分 $\angle ANB$. 所以,直线 MN 必通过圆 O 在 AB 另一侧的半圆弧的中点 R,如图 1.9 所示.

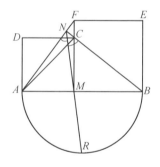

图 1.9

(3) 设 X 是适合于条件的点,在 AB 上分别作出 P, X, Q 的射影,如图 1.10 所示,则在直角梯形 $PP'Q'Q$ 中,有

$$XX' = \dfrac{1}{2}(PP' + QQ') = \dfrac{1}{2}(\dfrac{AD}{2} + \dfrac{BE}{2}) = \dfrac{1}{4}AB$$

为定值.

过点 X 作 $ST // AB$,分别与直线 AC, BF 交于 S, T,则线段 ST 即为所求的轨迹(充要性证明从略). 这里,当 X 与端点 S(或 T)重合时,正方形 $AMCD$(或 $MBEF$)退缩为点 A(或 B).

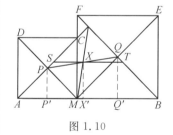

图 1.10

注 (1) 在解法 1 中,证明问题(2)时,先将

$$bx + (b - 2m)y - bm = 0 \qquad ③$$

变形,按 m 集项整理为

$$m(2y+b) = b(x+y) \qquad ⑥$$

从而很快获得解答.

若不如此处理,由 ③ 就不便回答"x,y 为何实数时,对 m 的任意实数值 ③ 皆成立"这一问题.可见,将 ③ 按 m 集项变形是一个解题技巧,应灵活运用.

(2) 关于"同一法". 在解法 2 中,对于问题(1),是将要证的"直线 AF 和 BC 都通过点 N"变为"AF 与 BC 的交点 N' 与 N 重合"进行推证的,这就是同一法. 此法有时颇有用处,当欲证某图形具有某种特性而不易直接证明时,使用此法往往可以克服这个困难.

我们知道,任何命题都有和它等效的命题. 因此,要证某个命题成立,可先斟酌一下,或直接从原题入手,或间接从它的等效命题入手. 由于这两方面的不同,证明的方法便分为直接与间接两种.

有的命题,往往不易甚至不能从原题直接证明,这时不妨改为证明它的等效命题成立,结果也能间接地达到目的. 这样的证明方法,叫作间接证法.

间接证法又分为反证法和同一法两种. 在同一法则(对于两个互逆命题,当知其一成立时,立即知道另一也成立,这个道理叫作同一法则)下证明原定理的逆命题成立的一种方法,叫作同一法. 具体的做法是作出一个具有所说的特性的图形,然后证明所作的与题说的相同.

(3) 在解法 2 中,采用了同一法对有关问题进行了证明,但具体的做法细节是各种各样的,例如解法 3 的证明又是一种. 这就是说,本题的证明,使用间接证法中的同一法比较方便.

如图 1.11 所示,联结 MPD,MN,BC,CN,BQF. 在圆 P 内,有
$$\angle MNC = \angle MDC = 45°$$
在圆 Q 内,有
$$\angle MNB = \angle MFB = 45°$$
所以 $\angle MNC = \angle MNB$,因此 NC 与 NB 为同一条直线. 也就是说,直线 BC 通过点 N.

同理,直线 AF 也通过点 N. 问题(1) 至此证毕.

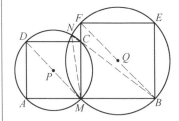

图 1.11

下面,再利用同一法来证明问题(2).

在直线 AB 的另一侧(即两个正方形的异侧),以 AB 为斜边作等腰直角 $\triangle ABR$,如图 1.12 所示,且联结 APC,则有
$$\angle RAC = \angle RAB + \angle BAC = 45° + 45° = 90°$$
因此,RA 切圆 P 于 A. 同理,RB 切圆 Q 于 B.

联结 RM,并延长 RM 与圆 P 交于 N_P,与圆 Q 交于 N_Q. 这样就有
$$RA^2 = RM \cdot RN_P, RB^2 = RM \cdot RN_Q$$
但因 $RA = RB$,故
$$RM \cdot RN_P = RM \cdot RN_Q$$
即
$$RN_P = RN_Q$$

这就是说,N_P 与 N_Q 是同一点,即直线 RM 经过圆 P 与圆 Q 的另一交点 N. 换言之,动直线 MN 总通过一定点 R.

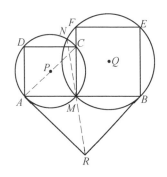

图 1.12

证法 3 (1) 作线段 AN,NF,BC 和 CN,如图 1.13 所示. $\angle ANM$ 是劣弧 $\overset{\frown}{AM}$ 所对的圆周角,故为 $45°$.

∠MNF 是优弧 $\overset{\frown}{MBF}$ 所对的圆周角,故为 135°. 所以
$$\angle ANF = \angle ANM + \angle MNF = 45° + 135° = 180°$$
故点 N 在 AF 上.

AC 是以 P 为圆心的圆的直径,故 ∠ANC = 90°. 又
$$\angle ANB = \angle ANM + \angle MNB = 45° + 45° = 90°$$
故点 C 在 BN 上,即 AF 和 BC 的延长线相交于点 N.

(2) 以 AB 为直径在 AB 的另一侧作半圆.

因为 ∠ANM = ∠MNB = 45°,故 MN 平分 ∠ANB,它的延长线平分半圆周于点 S.

不论 M 是 A,B 间的哪一点,S 总是半圆周 $\overset{\frown}{AB}$ 的中点,换言之,点 S 与点 M 的位置无关.

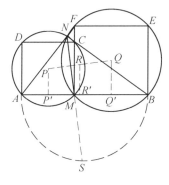

图 1.13

(3) 设 R 是 PQ 的中点,作 PP′,QQ′,RR′ 垂直于 AB. 因 RR′ 是梯形 P′Q′QP 的中位线,故
$$RR' = \frac{1}{2}(PP' + QQ') = \frac{1}{2}(\frac{AM + MB}{2}) = \frac{AB}{4}$$
可知,R 至 AB 的距离是定值.

当 M 和 A 重合时,P′ 和 A 重合,$AQ' = \frac{AB}{2}$,$AR' = \frac{AB}{4}$. 又当 M 和 B 重合时,Q′ 和 B 重合,$P'B = \frac{AB}{2}$,$R'B = \frac{AB}{4}$. 可知,当 M 在 A,B 间变动时,R 在长度等于 $\frac{AB}{2}$ 的线段上变动.

所以,所求的轨迹是长度等于 $\frac{AB}{2}$ 且平行于 AB 的线段,这线段和 AB 的距离为 $\frac{AB}{4}$ 且和两正方形在同一侧.

❻ 平面 P 与 Q 相交于直线 g,又在平面 P 与 Q 内分别给出不在直线 g 上的两点 A 和 C. 求作一个以 AB 和 CD 为两底的等腰梯形 ABCD,使之能作一内切圆,并要求点 B 在平面 P 内,点 D 在平面 Q 内.

捷克斯洛伐克命题

解 由分析得到如下作法,如图 1.14 所示.
1) 分别在平面 P 及平面 Q 内,过点 A 作 AB ∥ g,过点 C 作 CD ∥ g;
2) 过两平行直线 AB 和 CD 作平面 AC;
3) 在平面 AC 内,过点 A 作直线 AE ⊥ CD 于点 E;
4) 以 A 为圆心,CE 为半径,在平面 AC 内作弧,交直线 CD 于点 D,使 D 位于 CE 的延长线上;
5) 在射线 AB 上,截 AB = CE − DE;
6) 在平面 AC 内,联结 AD 与 BC,则平面四边形 ABCD 符合

分析 这是一个空间作图题. 我们知道,立几问题一般都转化为平几问题,逐步加以解决. 要完成作图,先要考虑作出梯形 ABCD 所在的平面 AC,然后在平面 AC 内(图 1.14),再考虑能容内切圆的等腰梯形的作法.

所求.

我们来证明这一事实(图1.14).由作法易知,点 B 和点 D 分别在平面 P 和平面 Q 内,且 $AB \parallel CD$,故平面四边形 $ABCD$ 为梯形.

在平面 AC 上,过点 B 作 $BF \perp CD$ 于点 F,则 $AB = EF$,$AE = BF$.于是,有

$$BC = \sqrt{BF^2 + CF^2} = \sqrt{AE^2 + (CE-EF)^2} =$$
$$\sqrt{AE^2 + (CE-AB)^2} = \sqrt{AE^2 + DE^2}$$

又由作法5)知 $\qquad CE - AB = DE$

所以 $\qquad \sqrt{AE^2 + DE^2} = AD$

因此,梯形 $ABCD$ 是等腰梯形.

又因为

$$AD + BC = 2AD = 2CE = CE + (EF + CF) =$$
$$CE + (AB + DE) = AB + (CE + DE) =$$
$$AB + CD$$

所以等腰梯形 $ABCD$ 必有一内切圆.事实上,以等腰梯形 $ABCD$ 的对称轴夹于两底间的线段为直径作圆,就是它的内切圆.

上面,对作图无误进行了论证.这里再对作图进行讨论,由作法4)知,以点 A 为圆心,CE 为半径,在平面 AC 内作弧时有且仅有如下三种情况发生.

ⅰ $CE > AE$,弧线与直线 CD 有两个交点 D 和 D',此时,不仅有解,且有两解,即两个全等的等腰梯形 $ABCD$ 和 $AB'CD'$,如图1.15所示.

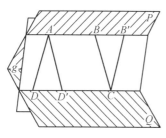

图1.15

ⅱ $CE = AE$,弧线与直线 CD 相切.此时,只有一解,即 AD 与 AE 重合,梯形变正方形.

ⅲ $CE < AE$,弧线与直线 CD 相离.此时无解.

注 (1)本题属定位作图,凡能作出多少个适合条件的图形,不论全等与否,就说有多少个"解",这点与活位作图不同.

(2)根据题目所给条件,A,C 都是定点,如图1.16所示,射线 $A(B)$,$C(D)$ 都有确定方向,因而角 α 也是确定的,所以作图能否完成,也是取决于角 α 的大小.事实上,根据角 α 小于、等于、大于 $45°$ 这三种情况进行讨论,其结果与上述一致.

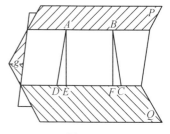

图1.14

如何作出平面 AC?因为 $AB \parallel CD$,且它们分别是平面 AC 与平面 P,平面 Q 的交线,所以有 $AB \parallel g \parallel CD$.因此,在平面 P 内,过点 A 作直线 AB 平行于直线 g;在平面 Q 内,过点 C 作直线 CD 平行于直线 g;最后,过二平行线 AB 与 CD 即作出平面 AC.

在平面 AC 内,假定符合条件的等腰梯形 $ABCD$ 已作出,且不妨设 $AB < CD$,则有

$$AB + CD = AD + BC = 2AD \qquad ①$$

为了确定点 D,过点 A 作 $AE \perp CD$,E 为垂足,如图1.14所示,因 A,C 为已知点,故 AE,CE 为定线段;又过 B 作 $BF \perp CD$,F 为垂足,则 $DE = CF$,$AB = EF$.于是,有

$$AB + CD = EF + (DE + EF + CF) = 2(EF + CF) = 2CE \qquad ②$$

比较①、②,知 $AD = CE$.因此点 D 可定,整个梯形可作.

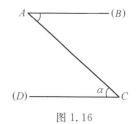

图1.16

第 1 届国际数学奥林匹克英文原题

The first IMO was held in Romania, in the cities of Brashov and Bucharest from July 23rd to July 31st 1959.

❶ Prove that for all positive integers n, the fraction
$$\frac{21n+4}{14n+3}$$
is irreducible.

(Poland)

❷ Find all real numbers x for which one of the following equalities holds:
a) $\sqrt{x+\sqrt{2x-1}}+\sqrt{x-\sqrt{2x-1}}=\sqrt{2}$;
b) $\sqrt{x+\sqrt{2x-1}}+\sqrt{x-\sqrt{2x-1}}=1$;
c) $\sqrt{x+\sqrt{2x-1}}+\sqrt{x-\sqrt{2x-1}}=2$.

(Romania)

❸ Let a,b,c,x be real numbers such that
$$a\cos^2 x+b\cos x+c=0$$
Using a, b and c, find a quadratic equation satisfied by $\cos 2x$. Compare the two equations in the case $a=4, b=2$ and $c=-1$.

(Hungary)

❹ The hypotenuse BC of a right triangle ABC has length a and the corresponding median of the vertex C is the geometric mean of the legs AC and BC. Construct the triangle ABC using the line and the compasses.

(Hungary)

❺ We are given a segment AB and a point M inside it. On the same side of the segment AB the squares $AMCD$ and $MBEF$ are considered. The circumcircles of these squares have centres P and Q, respectively and intersect each other in the points M and N.

(Romania)

a) Show that the lines AF and BC meet at the point N.

b) Show that, for any point M, the line MN contains a fixed point R.

c) Find the locus of the midpoint of the segment PQ when the point M variable inside the segment AB.

❻ The planes P and Q intersect along a line p. The points A, C are given in P, Q respectively, but not on the line p. Find the points B in P and D in Q such that $ABCD$ is an isosceles trapezoid ($AB \parallel CD$) in which a circle can be inscribed.

(Czechoslovakia)

第1届国际数学奥林匹克各国成绩表

1959,罗马尼亚

名次	国家或地区	分数（满分320）	金牌	奖牌 银牌	铜牌	参赛队人数
1.	罗马尼亚	249	1	2	2	8
2.	匈牙利	233	1	1	2	8
3.	捷克斯洛伐克	192	1	—	—	8
4.	保加利亚	131	—	—	—	8
5.	波兰	122	—	—	—	8
6.	苏联	111	—	—	1	4
7.	德意志民主共和国	40	—	—	—	8

第二编
第 2 届国际数学奥林匹克

第 2 届国际数学奥林匹克题解

罗马尼亚,1960

> **1** 求出所有能被 11 整除的三位数,使所得的商等于该三位数各位数字的平方和.

保加利亚命题

解法 1 设该三位数为 $100a+10b+c$,其中,a,b,c 是各位数字.

现在,以 11 除此数,得
$$\frac{100a+10b+c}{11}=9a+b+\frac{a-b+c}{11}$$
由于 $0<a\leqslant 9,0\leqslant b,c\leqslant 9$,所以要使上式右边为整数只有如下两种情形.

ⅰ $a-b+c=0$.

依题设得
$$9a+b=a^2+b^2+c^2$$
以 $b=a+c$ 代入并写成关于 a 的二次方程,即
$$2a^2+2(c-5)a+2c^2-c=0 \qquad ①$$
解得
$$a=\frac{-2(c-5)\pm\sqrt{4(c-5)^2-4(4c^2-2c)}}{4}=$$
$$\frac{5-c\pm\sqrt{-3c^2-8c+25}}{2}$$

若 $c=1$,则 a 是无理数;若 $c\geqslant 2$,则 a 不是实数;皆不合. 故 $c=0$,从而得 $a=5,b=5$.

所以所求的三位数是 550.

ⅱ $a-b+c=11$.

依题设得
$$9a+b+1=a^2+b^2+c^2$$
以 $b=a+c-11$ 代入并写成关于 a 的二次方程,即
$$2a^2+2(c-16)a+2c^2-23c+131=0 \qquad ②$$
解得
$$a=\frac{16-c\pm\sqrt{-3c^2+14c-6}}{2}$$

只有当 $c=3$ 时,a 是整数. 这时 $a=8,b=0$.

所以所求的三位数是 803.

解法 2 若一个数的奇位数字之和与偶位数字之和相等,或它的奇位数字之和与偶位数字之和的差是 11 的倍数,则这个数可被 11 整除.

现在所求的三位数 $100a+10b+c$ 可被 11 整除,可知或者 $a+c=b$,或者 $a+c-b=11$(因 $a+c\leqslant 18$).

依题设
$$100a+10b+c=11(a^2+b^2+c^2) \quad ③$$
以 $b=a+c$ 代入得
$$10a+c=2(a^2+ac+c^2)$$
故 c 是偶数. 令 $c=2d$ 代入并写成 a 的二次方程,即
$$a^2+(2d-5)a+4d^2-d=0$$
这个二次方程的判别式是
$$\Delta=(2d-5)^2-4(4d^2-d)=-12d^2-16d+25$$
因 Δ 和 d 均不是负数,d 只可能等于 0. 从而得 $c=0, a=5, b=5$.
又以 $b=a+c-11$ 代入③,依解法 1 可求得 $c=3, a=8, b=0$.
故所求的三位数是 550 及 803,经验算证实无误.

---

❷ 问 x 取什么值时下面的不等式能成立
$$\frac{4x^2}{(1-\sqrt{1+2x})^2}<2x+9$$

匈牙利命题

解 原不等式当 $x=0$ 时没有意义,当 $x<-\dfrac{1}{2}$ 时根号内的数取负值,不符合题意. 故可设 $x\neq 0$,且 $x\geqslant -\dfrac{1}{2}$.

以 $(1+\sqrt{1+2x})^2$ 乘不等式左边的分子、分母得
$$(1+\sqrt{1+2x})^2<2x+9 \quad ①$$
令 $\sqrt{1+2x}=y$ 代入得
$$(1+y)^2<y^2+8$$
所以
$$y<\frac{7}{2}$$
代入 ① 得
$$1+2x<\frac{49}{4}$$
所以
$$x<\frac{45}{8}$$
故本题的解为
$$-\frac{1}{2}\leqslant x<\frac{45}{8}, x\neq 0$$

❸ 已知一 Rt△ABC 的斜边 $BC=a$ 被分成 n 等分,其中 n 是奇数.用 α 表示从点 A 看包含 BC 中点的那一等分的视角,h 为斜边上的高.求证

$$\tan \alpha = \frac{4nh}{(n^2-1)a}$$

罗马尼亚命题

证法 1 如图 2.1 所示,设 $AD=h$ 为 BC 上的高,$AO=\dfrac{a}{2}$ 为 BC 上的中线,EF 为 BC 的 n 等份中含有点 O 的那一等份,则

$$EO = OF = \frac{a}{2n}$$

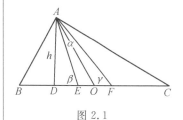

图 2.1

应用勾股定理得

$$DO = \sqrt{AO^2 - AD^2} = \frac{1}{2}\sqrt{a^2 - 4h^2}$$

设 $\angle AEB = \beta$,$\angle AFB = \gamma$,则

$$\tan \beta = \frac{AD}{DE} = \frac{2nh}{n\sqrt{a^2-4h^2}-a}$$

$$\tan \gamma = \frac{AD}{DF} = \frac{2nh}{n\sqrt{a^2-4h^2}+a}$$

于是利用公式

$$\tan \alpha = \tan(\beta - \gamma) = \frac{\tan \beta - \tan \gamma}{1 + \tan \beta \cdot \tan \gamma}$$

得

$$\tan \alpha = \frac{4anh}{(n^2-1)a^2} = \frac{4nh}{(n^2-1)a}$$

证法 2 以 p, q 分别表示 AE 和 AF 的长度.应用余弦定理得

$$p^2 = \frac{a^2}{4} + \frac{a^2}{4n^2} - 2 \cdot \frac{a}{2} \cdot \frac{a}{2n} \cdot \cos \angle AOE$$

$$q^2 = \frac{a^2}{4} + \frac{a^2}{4n^2} - 2 \cdot \frac{a}{2} \cdot \frac{a}{2n} \cdot \cos \angle AOF$$

因为 $\cos \angle AOF = \cos(180° - \angle AOE) = -\cos \angle AOE$,以上两式相加得

$$p^2 + q^2 = \frac{a^2(n^2+1)}{2n^2}$$

△AEF 的面积等于 $\dfrac{1}{2}EF \cdot h = ah/2n$,又等于 $\dfrac{1}{2}pq \cdot \sin \alpha$.于是得

$$\sin \alpha = \frac{ah}{pqn}$$

又由余弦定理得

$$EF^2 = \left(\frac{a}{n}\right)^2 = p^2 + q^2 - 2pq \cdot \cos\alpha$$

所以
$$\cos\alpha = \frac{1}{2pq}\left(p^2 + q^2 - \frac{a^2}{n^2}\right) =$$
$$\frac{1}{2pq}\left(\frac{a^2(n^2+1)}{2n^2} - \frac{a^2}{n^2}\right) = \frac{a^2(n^2-1)}{4pqn^2}$$

所以
$$\tan\alpha = \frac{\sin\alpha}{\cos\alpha} = \frac{ah}{pqn} \cdot \frac{4pqn^2}{(n^2-1)a^2} = \frac{4nh}{(n^2-1)a}$$

证法 3 如图 2.2 所示,设将斜边 n 等分的各分点依次设为 $D_1, D_2, \cdots, D_{n-1}$,由于 n 是奇数,显然含有斜边中点的等分线段为 $D_{\frac{n-1}{2}}D_{\frac{n+1}{2}}$,所以
$$\alpha = \angle D_{\frac{n-1}{2}}AD_{\frac{n+1}{2}} = \angle BAD_{\frac{n+1}{2}} - \angle BAD_{\frac{n-1}{2}}$$

过 $D_{\frac{n-1}{2}}, D_{\frac{n+1}{2}}$ 分别作
$$D_{\frac{n-1}{2}}E_{\frac{n-1}{2}} \perp AB, D_{\frac{n+1}{2}}E_{\frac{n+1}{2}} \perp AB$$

垂足为 $E_{\frac{n-1}{2}}, E_{\frac{n+1}{2}}$. 设 $AB = c, AC = b$,则

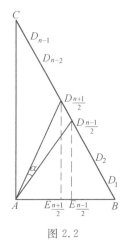

图 2.2

$$D_{\frac{n-1}{2}}E_{\frac{n-1}{2}} = \frac{\frac{n-1}{2}}{n}b = \frac{n-1}{2n}b$$

$$AE_{\frac{n-1}{2}} = \left(1 - \frac{\frac{n-1}{2}}{n}\right)c = \frac{n+1}{2n}c$$

所以
$$\tan\angle BAD_{\frac{n-1}{2}} = \frac{D_{\frac{n-1}{2}}E_{\frac{n-1}{2}}}{AE_{\frac{n-1}{2}}} = \frac{(n-1)b}{(n+1)c}$$

同样,可得
$$\tan\angle BAD_{\frac{n+1}{2}} = \frac{(n+1)b}{(n-1)c}$$

所以
$$\tan\alpha = \tan(\angle BAD_{\frac{n+1}{2}} - \angle BAD_{\frac{n-1}{2}}) =$$
$$\frac{\tan\angle BAD_{\frac{n+1}{2}} - \tan\angle BAD_{\frac{n-1}{2}}}{1 + \tan\angle BAD_{\frac{n+1}{2}} \cdot \tan\angle BAD_{\frac{n-1}{2}}} =$$
$$\frac{\frac{(n+1)b}{(n-1)c} - \frac{(n-1)b}{(n+1)c}}{1 + \frac{(n+1)b}{(n-1)c} \cdot \frac{(n-1)b}{(n+1)c}} = \frac{4nbc}{(n^2-1)(b^2+c^2)}$$

在 Rt$\triangle ABC$ 中,有
$$b^2 + c^2 = a^2, bc = ah$$

代入得
$$\tan\alpha = \frac{4nah}{(n^2-1)a^2}$$

即
$$\tan\alpha = \frac{4nh}{(n^2-1)a}$$

❹ 已知 $\triangle ABC$ 中 BC, AC 二边上的高 h_a, h_b 及 BC 上中线 AM 的长度 m_a. 求作此三角形.

匈牙利命题

作法(图 2.4)

1) 作 $\text{Rt}\triangle ADM$, 使 $AD = h_a$, $AM = m_a$, $\angle ADM = 90°$;

2) 以 AM 为直径作圆. 再以 M 为圆心, $\frac{1}{2}h_b$ 为半径作圆. 设两圆相交于点 F;

3) 联结 AF, 并延长与 DM 所在直线相交于点 C;

4) 在 DM 所在直线上截取 $MB = MC$ (点 B 与点 C 在点 M 的两侧), 联结 AB, 则 $\triangle ABC$ 即为所求作的三角形.

分析 假定 $\triangle ABC$ 已作出, 如图 2.3 所示, 其中 $AD = h_a$, $BE = h_b$, $AM = m_a$. 显然, $\text{Rt}\triangle ADM$ 可先作出, 问题是要确定点 C (或 B) 的位置.

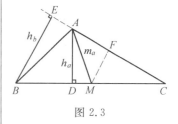

图 2.3

作 $MF \perp AC$, 垂足为 F, 这时

$$\triangle CMF \sim \triangle CBE$$

$$\frac{MF}{BE} = \frac{MC}{BC} = \frac{1}{2}$$

所以

$$MF = \frac{1}{2}BE = \frac{1}{2}h_b$$

由此可作出点 F, 从而问题不难解决.

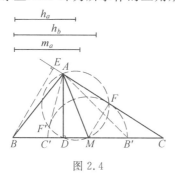

图 2.4

证明 由作法 1) 可知 $\triangle ABC$ 中 BC 边上的高 $AD = h_a$. 由作法 4) 可知点 M 是 BC 的中点, 故 BC 边上的中线为 AM, 且 $AM = m_a$. 由作法 2) 知, $MF \perp AC$, $MF = \frac{1}{2}h_b$, 作 $BE \perp AC$, 垂足为 E, 则由 $\triangle CEB \sim \triangle CFM$ 可得 $\frac{BE}{MF} = \frac{BC}{MC} = 2$, 所以 $BE = 2MF = h_b$, 即 AC 边上的高 $BE = h_b$.

讨论 当 $m_a > h_a$, $h_b < 2m_a$ 时, 作法 2) 中的两圆有两个交点 F 与 F', 这时有两解, 如图 2.4 中的 $\triangle ABC$ 与 $\triangle AB'C'$.

当 $m_a > h_a$, $h_b = 2m_a$ 时, 作法 2) 中两圆的交点 F 重合于点 A, 作 $AC \perp AM$ 可得点 C, 这时只有一解, 如图 2.5 所示.

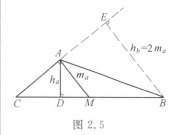

图 2.5

当 $m_a > h_a$, $h_b > 2m_a$ 时无解.

当 $m_a = h_a$ 时, AD 与 AM 重合. 这时若 $h_b < 2m_a$, 有一解, $\triangle ABC$ 是等腰三角形, 如图 2.6 所示. 若 $h_b \geqslant 2m_a$, 无解.

当 $m_a < h_a$ 时, 无解.

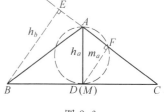

图 2.6

❺ 已知立方体 $ABCDA'B'C'D'$（$ABCD$ 面和 $A'B'C'D'$ 面相对）.

(1) 求线段 PQ 中点的轨迹，其中 P 是线段 AC 上的任意点，Q 是线段 $B'D'$ 上的任意点.

(2) 求 PQ 上点 R 的轨迹，其中 R 满足 $RQ=2PR$.

捷克斯洛伐克命题

解法 1 画出空间直角坐标系，如图 2.7 所示，并设该立方体各顶点的坐标为

$$A(1,0,0), B(1,1,0), C(0,1,0), D(0,0,0)$$
$$A'(1,0,1), B'(1,1,1), C'(0,1,1), D'(0,0,1)$$

根据空间解析几何定理，若 $T(x,y,z)$ 是通过 $T_1(x_1,y_1,z_1)$，$T_2(x_2,y_2,z_2)$ 二点的直线上的任意点，则

$$x=(1-\lambda)x_1+\lambda x_2$$
$$y=(1-\lambda)y_1+\lambda y_2$$
$$z=(1-\lambda)z_1+\lambda z_2$$

其中，λ 是 $T_1T:T_1T_2$ 的比值.

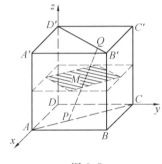

图 2.7

设 P,Q 的坐标分别为 $(a,b,c),(a',b',c')$. 依题设 P,Q 分别是 $AC,B'D'$ 上的点，故

$$a=(1-s)1+s\cdot 0=1-s, a'=(1-t)1+t\cdot 0=1-t$$
$$b=(1-s)0+s\cdot 1=s, b'=(1-t)1+t\cdot 0=1-t$$
$$c=(1-s)0+s\cdot 0=0, c'=(1-t)1+t\cdot 1=1$$

这里比值 $0\leqslant s\leqslant 1, 0\leqslant t\leqslant 1$（因 P 在 A,C 之间，Q 在 B',D' 之间）.

(1) 若 M 是 PQ 的中点，则 $\lambda=\dfrac{1}{2}$. 故

$$x=(1-\lambda)a+\lambda a'=\frac{1}{2}(1-s)+\frac{1}{2}(1-t)=1-\frac{1}{2}(s+t)$$

$$y=(1-\lambda)b+\lambda b'=\frac{1}{2}s+\frac{1}{2}(1-t)=\frac{1}{2}+\frac{1}{2}(s-t)$$

$$z=(1-\lambda)c+\lambda c'=\frac{1}{2}\cdot 0+\frac{1}{2}\cdot 1=\frac{1}{2}$$

因 z 坐标是常数 $\dfrac{1}{2}$，故 M 是平面 $z=\dfrac{1}{2}$ 上的点. 又因

$$x+y=1-\frac{1}{2}(s+t)+\frac{1}{2}+\frac{1}{2}(s-t)=\frac{3}{2}-t$$

$$x-y=1-\frac{1}{2}(s+t)-\frac{1}{2}-\frac{1}{2}(s-t)=\frac{1}{2}-s$$

故 $\dfrac{1}{2}\leqslant x+y\leqslant \dfrac{3}{2}, -\dfrac{1}{2}\leqslant x-y\leqslant \dfrac{1}{2}$

所以，所求的轨迹是由平面 $z=\dfrac{1}{2}$ 上的四条直线 $x+y=\dfrac{1}{2}$，$x+y=\dfrac{3}{2}$，$x-y=-\dfrac{1}{2}$ 及 $x-y=\dfrac{1}{2}$ 所围成的正方形区域，如图 2.8(a) 所示．

(2) 若 $R(x,y,z)$ 满足 $RQ=2PR$，则 $\lambda=PR:PQ=1:3$．故

$$x=(1-\lambda)a+\lambda a'=\dfrac{2}{3}(1-s)+\dfrac{1}{3}(1-t)=1-\dfrac{2s+t}{3}$$

$$y=(1-\lambda)b+\lambda b'=\dfrac{2}{3}s+\dfrac{1}{3}(1-t)=\dfrac{1}{3}+\dfrac{2s-t}{3}$$

$$z=(1-\lambda)c+\lambda c'=\dfrac{2}{3}\cdot 0+\dfrac{1}{3}\cdot 1=\dfrac{1}{3}$$

可知 R 是平面 $z=\dfrac{1}{3}$ 上的点，又因

$$x+y=1-\dfrac{2s+t}{3}+\dfrac{1}{3}+\dfrac{2s-t}{3}=\dfrac{4}{3}-\dfrac{2t}{3}$$

$$x-y=1-\dfrac{2s+t}{3}-\dfrac{1}{3}-\dfrac{2s-t}{3}=\dfrac{2}{3}-\dfrac{4s}{3}$$

故 $\dfrac{2}{3}\leqslant x+y\leqslant\dfrac{4}{3}$，$-\dfrac{2}{3}\leqslant x-y\leqslant\dfrac{2}{3}$．

所以，所求的轨迹是由平面 $z=\dfrac{1}{3}$ 上的四条直线 $x+y=\dfrac{2}{3}$，$x+y=\dfrac{4}{3}$，$x-y=-\dfrac{2}{3}$ 及 $x-y=\dfrac{2}{3}$ 所围成的矩形区域，如图 2.8(b) 所示．

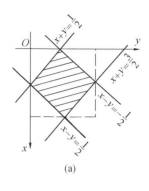

(a)

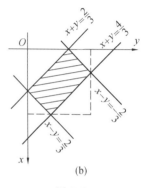

(b)

图 2.8

解法 2 如图 2.9 所示，联结 AB',AD',CB',CD'，取上述各线段之中点分别记为 E,H,F,G．联结 EF,FG,GH,HE．所得矩形 $EFGH$，即为所求的 XY 中点的轨迹．

先证凡合条件的点均在矩形 $EFGH$ 上，即任意 $X\in AC$，$Y\in B'D'$．XY 中点为 O，则点 O 在矩形 $EFGH$ 上．

联结 XB' 交 EF 于 I，联结 XD' 交 GH 于 J．由作法，EF 是 $\triangle AB'C$ 的中位线，所以 I 为 XB' 中点；GH 是 $\triangle AD'C$ 的中位线，所以 J 为 XD' 中点．联结 JI 交 XY 于 O，因 IJ 是 $\triangle XB'D'$ 的中位线，所以 O 为 XY 中点，$O\in IJ\subset$ 矩形 $EFGH$．

再证凡矩形 $EFGH$ 上的点都符合条件，即对任意 $O\in$ 矩形 $EFGH$，则 O 必为某 XY 线段的中点，其中 X 在 AC 上，Y 在 $B'D'$ 上．

设 O 是矩形 $EFGH$ 中任一点，过 O 作 $IJ\parallel EH$，交 EF 于 I，交 GH 于 J．

联结 $B'I$ 延长交 AC 于 X，联结 $D'J$ 延长交 AC 于 X'．由于

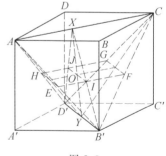

图 2.9

$EI = HJ$,所以 $AX = AX'$,即 X 与 X' 重合.

联结 XO 且延长交 $B'D'$ 于 Y. 因为 IJ 是 $\triangle XB'D'$ 的中位线,所以点 O 是 XY 的中点.

(2) 如图 2.10 所示,联结 AB', AD', CB', CD',在它们上分别取一点 E, F, G, H,使得 $B'E = 2EA, B'F = 2FC, D'G = 2GC$, $D'H = 2HA$. 联结 EF, FG, GH, HE 所得矩形 $EFGH$,即为所求点 Z 的轨迹.

证法与(1)中完全类似,从略.

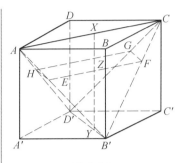

图 2.10

解法 3 (1) 当 X 为 AC 的端点 A 或 C,Y 为 $B'D'$ 的端点 B' 或 D' 时,对应的线段 XY 分别是 AD', AB', CB', CD',设它们的中点分别为 E, F, G, H(图 2.11),它们是所求轨迹上的几个特殊点.

联结 EF, FG, GH, HE. 在 $\triangle AB'D'$ 中,$EF \parallel D'B'$,$EF = \frac{1}{2}D'B'$;在 $\triangle CB'D'$ 中,$HG \parallel D'B'$,$HG = \frac{1}{2}D'B'$. 故

$$EF \parallel HG \parallel D'B', EF = HG = \frac{1}{2}D'B'$$

同理可得

$$FG \parallel EH \parallel AC, FG = EH = \frac{1}{2}AC$$

又因 $AC, B'D'$ 所成的角为直角,所以四边形 $EFGH$ 是一个正方形,它的边长为 $\frac{\sqrt{2}}{2}a$(a 表示正方体的棱长).

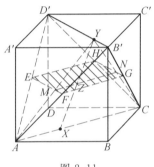

图 2.11

当 X 是 AC 上的任一点,Y 是 $B'D'$ 上的任一点时,线段 XY 的中点 Z 的轨迹就是上述正方形 $EFGH$ 的内部(包括边界). 下面我们来证明这个结论.

先证明任一这样的线段 XY 的中点 Z 在正方形 $EFGH$ 的内部(包括边界).

设 Y 是 $B'D'$ 上的任一点. 在平面 $AB'D'$ 上,联结 YA,与 EF 相交于点 M;在平面 $CB'D'$ 上,联结 YC,与 HG 相交于点 N. 在 $\triangle AB'D'$ 中,因为 $EF \parallel D'B'$,E 是 AD' 的中点,所以 M 是 YA 的中点;同理,N 是 YC 的中点. 因此,MN 是 $\triangle YAC$ 的中位线,Y 与 AC 上任一点 X 所连线段 XY 的中点 Z 必定在线段 MN 上. 并且 $MN \parallel AC, MN \parallel FG \parallel EH$,故线段 MN 上各点都在正方形 $EFGH$ 内部,从而点 Z 必定在正方形 $EFGH$ 的内部(当 X, Y 中有一点是 AC 或 $B'D'$ 的端点时,点 Z 在正方形 $EFGH$ 的边界上).

再证明正方形 $EFGH$ 内部(包括边界)的任一点 Z,必定是某一线段 XY 的中点(X 在 AC 上,Y 在 $B'D'$ 上).

设 Z 是正方形 $EFGH$ 内的任一点,过点 Z 作 $MN \parallel FG$,与 EF, GH 分别相交于 M, N. 在平面 $AB'D'$ 上,联结 AM,与 $B'D'$ 相

交于点 Y, 显然点 M 是 YA 的中点; 联结 YC, 必定通过点 N. 于是 MN 在平面 YAC 上, 从而点 Z 在平面 YAC 上; 联结 YZ 并延长必与 AC 相交, 设交点为 X. 由 $MN \parallel FG$ 可知 $MN \parallel AC$, 并且 M 是 YA 的中点, 所以点 Z 必定是线段 XY 的中点.

由此可见, 所求点 Z 的轨迹为正方形 $EFGH$ 的内部(包括边界), 这个正方形的边长为 $\frac{\sqrt{2}}{2}a$.

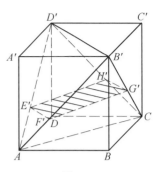

图 2.12

(2) 与(1)相仿, 可得满足 $ZY = 2ZX$ 的动点 Z 的轨迹为矩形 $E'F'G'H'$ 的内部(包括边界), 如图 2.12 所示, 其中 E', F', G', H' 分别在 AD', AB', CB', CD' 上, 且

$$\frac{E'D'}{E'A} = \frac{F'B'}{F'A} = \frac{G'B'}{G'C} = \frac{H'D'}{H'C} = 2$$

这个矩形的边长分别为 $\frac{\sqrt{2}}{3}a$ 与 $\frac{2\sqrt{2}}{3}a$.

❻ 已知一个正圆锥及其内切球. 这个球内切于一个直圆柱. 圆锥和圆柱的底面在同一平面上. 用 V_1, V_2 分别表示圆锥和圆柱的体积.

(1) 求证: $V_1 \neq V_2$.

(2) 求出能使 $V_1 = kV_2$ 的最小 k 值, 并作出在这种情形下圆锥的顶角.

保加利亚命题

解法 1 设 $VM = h$ 为圆锥的高, r 为其底面的半径, s 为内切球的半径, O 为球心, 如图 2.13 所示.

因 AM 和 AV 是自同一点 A 至球的切线, 故 $\angle MAO = \angle OAV$, 这个角记作 θ, 于是得

$$s = r \cdot \tan \theta, \quad h = r \cdot \tan 2\theta$$

$$V_1 = \frac{1}{3}\pi r^2 h = \frac{1}{3}\pi r^3 \cdot \tan 2\theta$$

$$V_2 = 2\pi s^3 = 2\pi r^3 \cdot \tan^3 \theta$$

所以

$$\frac{V_1}{V_2} = \frac{\tan 2\theta}{6\tan^3 \theta} = k \qquad ①$$

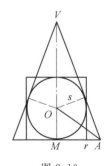

图 2.13

(1) 因 $\tan 2\theta = \frac{2\tan \theta}{1 - \tan^2 \theta}$, 故 ① 可化为 $\tan^2 \theta$ 的二次方程如下, 即

$$\tan^4 \theta - \tan^2 \theta + \frac{1}{3k} = 0 \qquad ②$$

这个二次方程的判别式等于 $1 - \frac{4}{3k}$, 此式只有当 $k \geqslant \frac{4}{3}$ 时才不会

取负值,故 $k \neq 1$,即 $V_1 \neq V_2$.

(2) 因②的判别式 $1 - \dfrac{4}{3k}$ 的最小非负值为 0,故所求的最小 k 值为 $\dfrac{4}{3}$. 因此若将 $k = \dfrac{4}{3}$ 代入②,得

$$\tan^2 \theta = \dfrac{1}{2}$$

从而有

$$\tan \theta = \dfrac{1}{\sqrt{2}}$$

于是

$$\tan 2\theta = 6k \cdot \tan^3 \theta = 8 \cdot \dfrac{1}{2\sqrt{2}} = 2\sqrt{2} = \dfrac{h}{r}$$

作一边长为 r 的正方形,这个正方形对角线长度的二倍等于 h,如图 2.14 所示.

以 r 和 h 为两股作 $\text{Rt} \triangle AMV$,则 $\angle AVM$ 的二倍即是所求作的顶角.

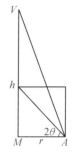

图 2.14

解法 2 设圆锥的底面半径为 r_1,高为 h,内切球半径为 r_2, 如图 2.15 所示. $AD = BD = r_1$,$OD = OE = OF = r_2$,$CD = h$,有

$$V_1 = \dfrac{1}{3} \pi r_1^2 h \qquad ③$$

$$V_2 = 2\pi r_2^3 \qquad ④$$

因为 $\text{Rt} \triangle CDB \backsim \text{Rt} \triangle CEO$,所以

$$\dfrac{BD}{OE} = \dfrac{CB}{CO}$$

即

$$\dfrac{r_1}{r_2} = \dfrac{\sqrt{r_1^2 + h^2}}{h - r_2}$$

$$r_1(h - r_2) = r_2 \sqrt{r_1^2 + h^2}$$

$$r_1^2(h - r_2)^2 = r_2^2(r_1^2 + h^2)$$

$$r_1^2(h^2 - 2hr_2 + r_2^2) = r_1^2 r_2^2 + r_2^2 h^2$$

$$r_1^2 h^2 - 2hr_1^2 r_2 = r_2^2 h^2$$

因为 $h \neq 0$,所以

$$r_1^2(h - 2r_2) = r_2^2 h$$

因为 $h > 2r_2$,即 $h - 2r_2 > 0$,所以

$$r_1^2 = \dfrac{r_2^2 h}{h - 2r_2}$$

代入式③得

$$V_1 = \dfrac{\pi r_2^2 h^2}{3(h - 2r_2)} \qquad ⑤$$

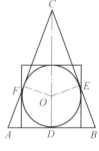

图 2.15

(1) 用反证法. 假定可能有 $V_1 = V_2$,即

$$\frac{V_1}{V_2} = 1$$

将 ④,⑤ 代入上式,得

$$\frac{h^2}{6r_2(h-2r_2)} = 1$$

即

$$h^2 - 6r_2 h + 12r_2^2 = 0 \qquad ⑥$$

但是,对于任意正实数 h, r_2,恒有

$$h^2 - 6r_2 h + 12r_2^2 = (h - 3r_2)^2 + 3r_2^2 > 0$$

所以式 ⑥ 不可能成立,即不可能有 $V_1 = V_2$.

(2) 设 $V_1 = kV_2$,即

$$\frac{V_1}{V_2} = k$$

将 ④,⑤ 代入上式得

$$\frac{h^2}{6r_2(h-2r_2)} = k$$

即

$$h^2 - 6kr_2 h + 12kr_2^2 = 0$$

$$\left(\frac{h}{r_2}\right)^2 - 6k\left(\frac{h}{r_2}\right) + 12k = 0 \qquad ⑦$$

把 ⑦ 看成关于 $\dfrac{h}{r_2}$ 的方程,它有实数根的充要条件是

$$\Delta = 4(9k^2 - 12k) \geqslant 0$$

即

$$k(3k - 4) \geqslant 0$$

由于 $k = \dfrac{V_1}{V_2} > 0$,故得

$$3k - 4 \geqslant 0, k \geqslant \frac{4}{3}$$

这就是说,能使 $V_1 = kV_2$ 成立的最小值 $k = \dfrac{4}{3}$.

在这种情况下,即当 $k = \dfrac{4}{3}$ 时,式 ⑦ 为

$$\left(\frac{h}{r_2}\right)^2 - 8\left(\frac{h}{r_2}\right) + 16 = 0$$

解得 $\dfrac{h}{r_2} = 4$,即 $h = 4r_2$.

由此我们可按如下步骤作出这个圆锥轴截面的顶角,如图 2.16 所示.

ⅰ 任取一线段 r_2,作 $CD = 4r_2$,并在 CD 上截取 $OD = r_2$;

ⅱ 以 O 为圆心,r_2 为半径作圆;

ⅲ 过点 C 作圆 O 的切线 CE, CF,则 $\angle ECF$ 就是当 $k = \dfrac{4}{3}$ 时

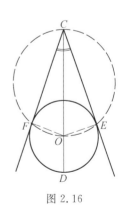

图 2.16

圆锥轴截面的顶角.

> **❼** 已知等腰梯形的上、下底分别为 a,b,高为 h.
> (1) 在梯形的对称轴上作点 P,使得从 P 看任一腰的视角为直角.
> (2) 求 P 与任一底的距离.
> (3) 在怎样的条件下,可以作出点 P,试讨论各种可能情形.

民主德国命题

解 如图 2.17 所示,设 MN 是梯形的对称轴,$CD=a$,$AB=b$,$MN=h$. 从点 P 看 BC 的视角为直角,并以 d 表示 MP. 因为
$$\angle CPM = 90° - \angle BPN = \angle PBN$$
故 $\mathrm{Rt}\triangle CPM \backsim \mathrm{Rt}\triangle PBN$
所以 $MP:NB = MC:NP$
即 $d:\dfrac{b}{2} = \dfrac{a}{2}:(h-d)$

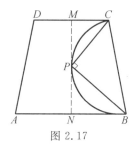

图 2.17

以上比例式可化为 d 的二次方程,即
$$d^2 - hd + \frac{ab}{4} = 0 \qquad ①$$
解得
$$d = \frac{h}{2} \pm \frac{1}{2}\sqrt{h^2 - ab}$$

(1) 以 BC 为直径作半圆 S,S 和 MN 的交点 P 和 P' 就是所求的点.

(2) 点 P(或点 P')和梯形两底的距离即是①的两个根.因这两个根之和等于 h,故若一根为 PM(或 $P'M$),则另一根为 PN(或 $P'N$).

(3) 若 $h^2 - ab = 0$,则半圆 S 和 MN 相切,点 P 是唯一的;
若 $h^2 - ab > 0$,则半圆 S 和 MN 相交于 P 及 P' 两点;
若 $h^2 - ab < 0$,则半圆 S 和 MN 不相交,点 P 不存在.

第 2 届国际数学奥林匹克英文原题

The second IMO was held from July 18th to July 25th 1960 in the cities of Sinaia and Bucharest.

1 Find all three-digits numbers such that for each number the quotient of its division by 11 is the sum of the squares of its digits. (Bulgaria)

2 Find the real numbers x for which the following inequality holds
$$\frac{4x^2}{(1-\sqrt{1+2x})^2} < 2x+9$$
(Hungary)

3 Let ABC be a right triangle, h be the length of its altitude from the vertex A and n be an odd positive integer. The hypotenuse BC has length a and it is divided into n equal segments. The segment which contains the midpoint of BC is visible from the point A under the angle α. Show that
$$\tan \alpha = \frac{4nh}{(n^2-1)a}$$
(Romania)

4 Using the line and the compasses construct the triangle ABC for which h_a, h_b and m_a are given. (Hungary)

5 Let $ABCD\ A'B'C'D'$ be a cube, X be a variable point on the segment AC and Y be a variable point on the segment $B'D'$.

a) Find the locus of the midpoint of the segment XY.

b) Find the locus of the point Z, Z inside the segment XY such that
$$ZY = 2XZ$$
(Czechoslovakia)

6 A sphere is inscribed in a right circular cone. A right circular cylinder is circumscribed to the sphere, such that the cone and the cylinder have their common bases in the same plane. Let V_1, V_2 be the volumes of the cone and of the cylinder, respectively.

    a) Show that the equality $V_1 = V_2$ can not occur.

    b) Find the least value of the ratio V_1/V_2 and construct the angle of the axial section of the cone in this case.

(Bulgaria)

7 We are given an isosceles trapezoid. Let a, b be the lengths of the two bases and h be the length of its altitude.

    a) Find the point P on the symmetry axis of the trapezoid such that the nonparallel sides of the trapezoid are visible under a right angle from the point P.

    b) Find the distance from P to the bases of the trapezoid.

    c) Find the conditions under such a point P exists.

(East Germany)

第 2 届国际数学奥林匹克各国成绩表

1960,罗马尼亚

名次	国家或地区	分数（满分360）	奖牌 金牌	银牌	铜牌	参赛队 人数
1.	捷克斯洛伐克	257	1	1	2	8
2.	匈牙利	248	2	2	—	8
3.	罗马尼亚	248	1	1	1	8
4.	保加利亚	175	—	—	1	8
5.	德意志民主共和国	38	—	—	—	8

第三编
第3届国际数学奥林匹克

第 3 届国际数学奥林匹克题解

匈牙利,1961

1 解方程组
$$\begin{cases} x+y+z=a & \text{①} \\ x^2+y^2+z^2=b^2 & \text{②} \\ xy=z^2 & \text{③} \end{cases}$$
其中,a,b 是已知数. 问当 a,b 满足什么条件时,x,y,z 是相异的正数?

匈牙利命题

解法 1 ②$+2\times$③,得
$$(x+y)^2-z^2=b^2$$
即
$$(x+y+z)(x+y-z)=b^2 \quad \text{④}$$
若 $a\neq 0$,则自 ①,④ 得
$$x+y-z=\frac{b^2}{a} \quad \text{⑤}$$
自 ①,⑤ 得
$$x+y=\frac{a^2+b^2}{2a} \quad \text{⑥}$$
$$z=\frac{a^2-b^2}{2a} \quad \text{⑦}$$
把 z 的值代入 ③ 得
$$xy=\frac{(a^2-b^2)^2}{4a^2} \quad \text{⑧}$$
自 ⑥,⑧ 得
$$(x-y)^2=(\frac{a^2+b^2}{2a})^2-\frac{(a^2-b^2)^2}{a^2}=\frac{-3a^4+10a^2b^2-3b^4}{4a^2}$$
即
$$x-y=\pm\frac{1}{2a}\sqrt{(3a^2-b^2)(3b^2-a^2)} \quad \text{⑨}$$
由于 z 值已由 ⑦ 给出,而 x,y 值可由 ⑥,⑨ 联立解得,故原方程的解为
$$x=\frac{1}{4a}(a^2+b^2\pm\sqrt{c})$$

$$y = \frac{1}{4a}(a^2 + b^2 \mp \sqrt{c})$$

$$z = \frac{1}{2a}(a^2 - b^2)$$

其中
$$c = (3a^2 - b^2)(3b^2 - a^2)$$

若 x, y 是相异的正数，则其算术中项大于几何中项 z，且 z 值介于 x, y 之间，故也和 x, y 相异，此时

$$\frac{1}{2}(x + y) > \sqrt{xy} = z$$

然后利用 ⑥, ⑧ 得

$$(a^2 + b^2)/4a > (a^2 - b^2)/2a$$

即
$$3b^2 > a^2$$

又自 ①, ⑦ 知 $a > 0, a^2 > b^2$. 综合这些不等式可得

$$|b| < a < \sqrt{3}\,|b|$$

这就是 a, b 所要满足的条件.

解法 2
$$\begin{cases} x + y + z = a & \text{⑩} \\ x^2 + y^2 + z^2 = b^2 & \text{⑪} \\ xy = z^2 & \text{⑫} \end{cases}$$

由 ⑫ 得
$$(x + y)^2 = x^2 + y^2 + 2z^2 = (x^2 + y^2 + z^2) + z^2 \quad \text{⑬}$$

由 ⑩ 得
$$x + y = a - z \quad \text{⑭}$$

将 ⑭, ⑪ 代入 ⑬, 得
$$(a - z)^2 = b^2 + z^2$$

即
$$2az = a^2 - b^2 \quad \text{⑮}$$

当 $a = 0, b \neq 0$ 时，方程 ⑮ 无解，故原方程组无解.

当 $a = 0, b = 0$ 时，由方程 ⑪ 得 $x = y = z = 0$，显然它满足 ⑩, ⑫，因此原方程组有唯一解 $x = y = z = 0$.

当 $a \neq 0$ 时，得
$$z = \frac{a^2 - b^2}{2a} \quad \text{⑯}$$

由 ⑩ 得
$$y = a - x - z = (a - z) - x \quad \text{⑰}$$

将 ⑯, ⑰ 代入 ⑫, 得
$$x\left(\left(a - \frac{a^2 - b^2}{2a}\right) - x\right) = \left(\frac{a^2 - b^2}{2a}\right)^2$$

或
$$x\left(\frac{a^2+b^2}{2a}-x\right)=\left(\frac{a^2-b^2}{2a}\right)^2$$

两边同乘以 $4a^2$ 并整理得
$$4a^2x^2-2a(a^2+b^2)x+(a^2-b^2)^2=0 \qquad ⑱$$

其判别式
$$\Delta=4a^2((a^2+b^2)^2-4(a^2-b^2)^2)=\\ 4a^2(10a^2b^2-3a^4-3b^4)$$

当 $\Delta\geqslant0$,即 $10a^2b^2-3a^4-3b^4\geqslant0$ 时,方程 ⑱ 的解为
$$x_{1,2}=\frac{a^2+b^2\pm\sqrt{10a^2b^2-3a^4-3b^4}}{4a} \qquad ⑲$$

代入 ⑰ 得
$$y_{1,2}=\frac{a^2+b^2\mp\sqrt{10a^2b^2-3a^4-3b^4}}{4a} \qquad ⑳$$

当 $\Delta<0$,即 $10a^2b^2-3a^4-3b^4<0$ 时,方程 ⑱ 没有实数解,故原方程组无解.

综上所述,当 $a=0,b=0$ 时,方程组有唯一解 $x=y=z=0$;当 $a\neq0$,且 $10a^2b^2-3a^4-3b^4\geqslant0$ 时,方程组有两个实数解

$$\begin{cases} x_1=\dfrac{a^2+b^2+\sqrt{10a^2b^2-3a^4-3b^4}}{4a} \\ y_1=\dfrac{a^2+b^2-\sqrt{10a^2b^2-3a^4-3b^4}}{4a} \\ z_1=\dfrac{a^2-b^2}{2a} \end{cases}$$

$$\begin{cases} x_2=\dfrac{a^2+b^2-\sqrt{10a^2b^2-3a^4-3b^4}}{4a} \\ y_2=\dfrac{a^2+b^2+\sqrt{10a^2b^2-3a^4-3b^4}}{4a} \\ z_2=\dfrac{a^2-b^2}{2a} \end{cases}$$

(当 $10a^2b^2-3a^4-3b^4=0$ 时,两个解相同,$x=y$).

当 $10a^2b^2-3a^4-3b^4<0$ 时(上面讨论中的 $a=0,b\neq0$ 这种情况已包括在内),方程组没有实数解.

再讨论 x,y,z 为互不相等的正数的条件.显然,必须 $a>0$,并且
$$10a^2b^2-3a^4-3b^4>0$$
即
$$-(3a^2-b^2)(a^2-3b^2)>0$$
得
$$\frac{1}{\sqrt{3}}|b|<a<\sqrt{3}|b| \qquad ㉑$$

又因 $x>0,y>0$,由 ⑲,⑳ 可知,必须

$$a^2+b^2 > \sqrt{10a^2b^2-3a^4-3b^4}$$

化简得
$$4(a^2-b^2)^2 > 0 \qquad ㉒$$

又因 $z>0$，由 ⑯ 可知，必须 $a^2>b^2$，即
$$a > |b| \qquad ㉓$$

这时，由 ㉓ 便可保证 ㉒ 成立.

由 ㉑，㉓ 得，方程组有互不相等的正数解的条件是
$$|b| < a < \sqrt{3}|b|$$

解法 3　⑩^2 − ⑪ 得
$$2xy+2yz+2zx = a^2-b^2$$

⑫ 代入上式得
$$2z^2+2yz+2zx = a^2-b^2$$
$$2z(x+y+z) = a^2-b^2$$

即
$$2az = a^2-b^2$$

以下同解法 2.

---

❷ 已知 a,b,c 是三角形三边的长度，T 是该三角形的面积，求证
$$a^2+b^2+c^2 \geqslant 4\sqrt{3}\,T$$
并指出在什么条件下等号成立？

波兰命题

解法 1　设 a 不小于 b 或 c，则此边上的高在三角形内，以 h 表示. 此高把 a 分成两段，其长度分别以 m,n 表示，如图 3.1 所示. 则
$$b^2=h^2+n^2, c^2=h^2+m^2, T=\frac{1}{2}(m+n)h$$

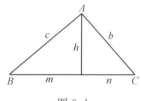

图 3.1

于是求证的不等式可化为
$$(m+n)^2+(h^2+n^2)+(h^2+m^2) \geqslant 2\sqrt{3}(m+n)h$$

即
$$h^2-\sqrt{3}(m+n)h+(n^2+m^2+mn) \geqslant 0 \qquad ①$$

这样，我们只需证明 ① 成立.

用 $Q(h)$ 表示 ① 的左边，则 $Q(h)$ 是 h 的二次三项式，其判别式为
$$3(m+n)^2-4(n^2+m^2+mn) = -(m-n)^2 \leqslant 0$$

因 $Q(h)$ 的判别式小于等于 0，可知 $Q(h)$ 不可能取负值. 从而可知原不等式是正确的，而且易知，当且仅当 $m=n, h=\sqrt{3}m$ 时，等号成立. 此时 BC 上的高等于 $\frac{\sqrt{3}}{2}BC$ 且平分 BC，故 $\triangle ABC$ 是正三角形.

解法 2 令 $a+b+c=2s$,则
$$4s^2=(a+b+c)^2=a^2+b^2+c^2+2ab+2bc+2ca$$
又
$$(a-b)^2+(b-c)^2+(c-a)^2=2(a^2+b^2+c^2-ab-bc-ca)$$
以上两式左右两边分别相加得
$$4s^2+(a-b)^2+(b-c)^2+(c-a)^2=3(a^2+b^2+c^2)$$
从而得 $4s^2 \leqslant 3(a^2+b^2+c^2)$

另一方面,根据平面几何定理,在所有周界相等的三角形中,正三角形的面积最大,若正三角形边长为 $2s/3$,则其面积为
$$\frac{\sqrt{3}}{4}\left(\frac{2s}{3}\right)^2=\frac{\sqrt{3}s^2}{9}$$
因此
$$T \leqslant \frac{\sqrt{3}s^2}{9} \leqslant \frac{3\sqrt{3}(a^2+b^2+c^2)}{36} \Rightarrow$$
$$a^2+b^2+c^2 \geqslant \frac{12T}{\sqrt{3}}=4\sqrt{3}\,T$$
当且仅当 $a=b=c$,即 $\triangle ABC$ 是正三角形时,上式等号成立.

解法 3 我们依顶角 $\angle A \geqslant 120°$ 或 $\angle A < 120°$ 分为两种情形进行讨论.

ⅰ 设 $\angle A \geqslant 120°$. 在 BC 的下方作正 $\triangle BCD$ 及其外接圆,如图 3.2 所示. 外接圆的直径 $DF=2a/\sqrt{3}$. 因点 A 在弓形 BFC 之内,故 $AH \leqslant FE=\sqrt{3}a/6$. 所以
$$\frac{S_{\triangle BCD}}{S_{\triangle ABC}} \geqslant \frac{\sqrt{3}a/2}{\sqrt{3}a/6}=3$$

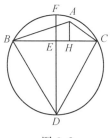

图 3.2

但 $S_{\triangle BCD}=\sqrt{3}a^2/4, S_{\triangle ABC}=T$,所以
$$\sqrt{3}a^2/4 \geqslant 3T$$
上式左边加正数 $\frac{\sqrt{3}}{4}(b^2+c^2)$ 得
$$\frac{\sqrt{3}}{4}(a^2+b^2+c^2) > 3T$$
以 4 乘上式两边即得所求证的不等式.

ⅱ 设 $\angle A < 120°$. 在三边上各向外作正三角形和它们的外接圆. 如图 3.3 所示. 这三个外接圆的交点 N 是唯一的. 若 N 是 $\triangle RAB$ 及 $\triangle QAC$ 的外接圆的交点,则
$$\angle ANC=\angle ANB=120° \Rightarrow \angle BNC=120°$$
所以 N 在 $\triangle PBC$ 的外接圆上,根据 ⅰ 的结果可知

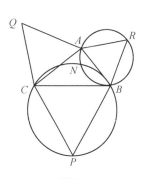

图 3.3

$$\frac{\sqrt{3}\,a^2}{4} \geqslant 3S_{\triangle NBC},\; \frac{\sqrt{3}\,b^2}{4} \geqslant 3S_{\triangle NCA},\; \frac{\sqrt{3}\,c^2}{4} \geqslant 3S_{\triangle NAB}$$

把它们相加,即得所求证的不等式. 当 $NA = NB = NC$ 时等号成立.

解法 4 由海伦(Heron)公式,三角形面积

$$T = \sqrt{\frac{a+b+c}{2} \cdot \frac{a+b-c}{2} \cdot \frac{a+c-b}{2} \cdot \frac{b+c-a}{2}}$$

又因对于任意正实数 x, y, z,有不等式

$$\frac{x+y+z}{3} \geqslant \sqrt[3]{xyz}$$

即

$$xyz \leqslant \left(\frac{x+y+z}{3}\right)^3$$

(等号当且仅当 $x = y = z$ 时成立). 故有

$$(a+b-c)(a+c-b)(b+c-a) \leqslant$$
$$\left(\frac{a+b+c}{3}\right)^3 = \frac{(a+b+c)^3}{27}$$

(等号当且仅当 $a+b-c = a+c-b = b+c-a$, 即 $a = b = c$ 时成立), 所以

$$4T = \sqrt{(a+b+c)(a+b-c)(a+c-b)(b+c-a)} \leqslant$$
$$\sqrt{(a+b+c)\frac{(a+b+c)^3}{27}} = \frac{(a+b+c)^2}{3\sqrt{3}} =$$
$$\frac{3a^2 + 3b^2 + 3c^2 - (a-b)^2 - (b-c)^2 - (c-a)^2}{3\sqrt{3}} \leqslant$$
$$\frac{a^2 + b^2 + c^2}{\sqrt{3}}$$

即得

$$a^2 + b^2 + c^2 \geqslant 4\sqrt{3}\,T$$

等号当且仅当 $a = b = c$ 时成立.

解法 5 由余弦定理,得

$$a^2 + b^2 + c^2 = (a^2 + b^2 - c^2) + (b^2 + c^2 - a^2) + (c^2 + a^2 - b^2) = 2ab \cdot \cos C + 2bc \cdot \cos A + 2ca \cdot \cos B$$

于是

$$\frac{a^2+b^2+c^2}{4T} = \frac{2ab \cdot \cos C}{4T} + \frac{2bc \cdot \cos A}{4T} + \frac{2ca \cdot \cos B}{4T} =$$
$$\frac{2ab \cdot \cos C}{2ab \cdot \sin C} + \frac{2bc \cdot \cos A}{2bc \cdot \sin A} + \frac{2ca \cdot \cos B}{2ca \cdot \sin B} =$$
$$\cot C + \cot A + \cot B$$

设

$$y = \cot C + \cot A + \cot B =$$
$$-\cot(A+B) + \cot A + \cot B =$$
$$-\frac{\cot A \cdot \cot B - 1}{\cot A + \cot B} + \cot A + \cot B$$

去分母并化简,得
$$\cot^2 A + (\cot B - y)\cot A + (\cot^2 B - y \cdot \cot B + 1) = 0$$

由于 $\cot A$ 为实数,所以方程成立的必要条件是判别式
$$\Delta = (\cot B - y)^2 - 4(\cot^2 B - y \cdot \cot B + 1) =$$
$$-3\cot^2 B + 2y \cdot \cot B + (y^2 - 4) \geqslant 0$$

这是一个关于 $\cot B$ 的二次三项式,它的二次项系数 $-3 < 0$,如果要求它的值不小于 0,则 $\cot B$ 之值必介于这二次三项式的两根之间,亦即这二次三项式有二实根. 于是又有
$$(2y)^2 - 4(-3)(y^2 - 4) = 16y^2 - 48 \geqslant 0$$

注意到 $y = \cot A + \cot B + \cot C > 0$,取正值得
$$y \geqslant \sqrt{3}$$

其中等号当 $\cot B = \frac{1}{\sqrt{3}}$ 和 $\cot A = \frac{\cot B - y}{2} = \frac{1}{\sqrt{3}}$,即
$$A = B = C = \frac{\pi}{3}$$

时成立.

所以 $\frac{a^2 + b^2 + c^2}{4T} \geqslant \sqrt{3}$,即 $a^2 + b^2 + c^2 \geqslant 4\sqrt{3}\,T$,其中等号成立的充要条件是
$$A = B = C = \frac{\pi}{3}$$

解法 6 由三角形面积的海伦公式并注意到
$$a^4 + b^4 + c^4 \geqslant a^2 b^2 + b^2 c^2 + c^2 a^2$$
即可得证.

解法 7 由余弦定理及三角形面积公式知
$$a^2 + b^2 + c^2 - 4\sqrt{3}\,T \geqslant 2(a^2 + b^2 - 2ab) =$$
$$2(a-b)^2 \geqslant 0$$

所以 $\qquad a^2 + b^2 + c^2 \geqslant 4\sqrt{3}\,T$

解法 8 由于
$$a^2 + b^2 + c^2 = 2(a^2 + b^2 - ab \cdot \cos C) \geqslant$$
$$2ab(2 - \cos C) = 4T \cdot \frac{2 - \cos C}{\sin C}$$

并注意到 $\cos(\frac{\pi}{3} - c) \leqslant 1$，即
$$a^2 + b^2 + c^2 \geqslant 4\sqrt{3}\, T$$

解法 9 由余弦定理并利用三角形面积公式，得
$$a^2 + b^2 + c^2 = 4T(\cot A + \cot B + \cot C)$$
但
$$\cot A + \cot B + \cot C \geqslant \sqrt{3}$$
所以
$$a^2 + b^2 + c^2 \geqslant 4\sqrt{3}\, T$$

解法 10 由算术-几何平均不等式，得
$$a^2 + b^2 + c^2 \geqslant 3(abc)^{\frac{2}{3}}$$
利用公式
$$a^2 b^2 c^2 = \frac{8T^3}{\sin A \cdot \sin B \cdot \sin C}$$
及
$$\sin A \cdot \sin B \cdot \sin C \leqslant \frac{3}{8}\sqrt{3}$$
即得
$$a^2 + b^2 + c^2 \geqslant 3(8T^3 \cdot \frac{8}{3\sqrt{3}})^{\frac{1}{3}} = 4\sqrt{3}\, T$$

解法 11 因为
$$a^2 + b^2 + c^2 \geqslant ab + bc + ca = 2T\left(\frac{1}{\sin A} + \frac{1}{\sin B} + \frac{1}{\sin C}\right)$$
但
$$\frac{1}{\sin A} + \frac{1}{\sin B} + \frac{1}{\sin C} \geqslant 3(\sin A \cdot \sin B \cdot \sin C)^{-\frac{1}{3}}$$
且
$$\sin A \cdot \sin B \cdot \sin C \leqslant \frac{3}{8}\sqrt{3}$$
所以
$$a^2 + b^2 + c^2 \geqslant 4\sqrt{3}\, T$$

解法 12 设 $\triangle ABC$ 与边 a,b,c 相对应的三条高及三条中线长分别为 h_a, h_b, h_c 及 m_a, m_b, m_c。易知
$$h_a^2 + h_b^2 + h_c^2 \leqslant \frac{3}{4}(a^2 + b^2 + c^2) \qquad ②$$

由算术-几何平均不等式，并由 ② 得
$$T^6 \leqslant \frac{1}{64} \cdot \frac{1}{27} \cdot \frac{1}{64}(a^2 + b^2 + c^2)^6$$
从而
$$a^2 + b^2 + c^2 \geqslant 4\sqrt{3}\, T$$

解法 13 不妨假定 $a \geqslant b \geqslant c$，则 $h_a \leqslant h_b \leqslant h_c$（$h_a, h_b, h_c$ 分别为边 a, b, c 上的高），由切比雪夫(Tschebyscheff)不等式或排序原理，得

$$36T^2 \leqslant (a^2+b^2+c^2)(h_a^2+h_b^2+h_c^2)$$
利用式②,即得
$$a^2+b^2+c^2 \geqslant 4\sqrt{3}\,T$$

解法 14 不妨假定 $a \geqslant b \geqslant c$,则有
$$b^2+c^2-a^2 \leqslant c^2+a^2-b^2 \leqslant a^2+b^2-c^2$$
由切比雪夫不等式或排序原理得
$$3(2a^2b^2+2b^2c^2+2c^2a^2-a^4-b^4-c^4) \leqslant (a^2+b^2+c^2)^2$$
但 $\qquad 2a^2b^2+2b^2c^2+2c^2a^2-a^4-b^4-c^4=16T^2$
从而 $\qquad a^2+b^2+c^2 \geqslant 4\sqrt{3}\,T$

解法 15 令 $b+c-a=x, c+a-b=y, a+b-c=z$,则 $x>0$, $y>0, z>0$,且 $a=\dfrac{1}{2}(y+z), b=\dfrac{1}{2}(z+x)$, $c=\dfrac{1}{2}(x+y), a+b+c=x+y+z$,又
$$T = \dfrac{1}{4}\sqrt{(a+b+c)(b+c-a)(c+a-b)(a+b-c)} = \dfrac{1}{4}\sqrt{xyz(x+y+z)}$$
故待证不等式等价于
$$x^2+y^2+z^2+xy+yz+xz \geqslant 2\sqrt{3xyz(x+y+z)} \qquad ③$$
下面证明比 ③ 更强的不等式,即
$$xy+yz+xz \geqslant \sqrt{3xyz(x+y+z)} \qquad ④$$
上式两边平方得
$$(xy+yz+xz)^2 \geqslant 3xyz(x+y+z)$$
由于
$$(xy+yz+xz)^2 - 3xyz(x+y+z) = \dfrac{1}{2}(x^2(y-z)^2+y^2(z-x)^2+z^2(x-y)^2) > 0$$
故不等式 ④ 成立,再由 $x^2+y^2+z^2 \geqslant xy+yz+xz$. 故由式 ④ 知式 ③ 成立,从而待证不等式成立.

解法 16 设 $\triangle ABC$ 的内切圆半径及周长之半分别为 r 与 s,则有公式 $s = r \cdot \cot\dfrac{A}{2} \cdot \cot\dfrac{B}{2} \cdot \cot\dfrac{C}{2}$. 由算术-几何平均不等式,得
$$\cot\dfrac{A}{2} \cdot \cot\dfrac{B}{2} \cdot \cot\dfrac{C}{2} \geqslant 3\sqrt{3} \qquad ⑤$$

所以 $s \geqslant 3\sqrt{3}r$. 又因为
$$a^2 + b^2 + c^2 \geqslant \frac{1}{3}(a+b+c)^2 = \frac{4}{3}s^2$$
所以 $\quad a^2 + b^2 + c^2 \geqslant \frac{4}{3}s \cdot 3\sqrt{3}r = 4\sqrt{3}sr = 4\sqrt{3}T$

解法 17 由式 ⑤ 知
$$\cos\frac{A}{2} \cdot \cos\frac{B}{2} \cdot \cos\frac{C}{2} \geqslant 3\sqrt{3}\sin\frac{A}{2} \cdot \sin\frac{B}{2} \cdot \sin\frac{C}{2} \quad ⑥$$

因为
$$a^2 + b^2 + c^2 \geqslant \frac{1}{3}(a+b+c)^2 = \frac{64}{3}R^2 \cdot \cos^2\frac{A}{2} \cdot \cos^2\frac{B}{2} \cdot \cos^2\frac{C}{2}$$

其中,R 为 $\triangle ABC$ 的外接圆半径. 利用 ⑥,所以
$$a^2 + b^2 + c^2 \geqslant \frac{64}{3}R^2 \cdot \cos\frac{A}{2} \cdot \cos\frac{B}{2} \cdot \cos\frac{C}{2} \cdot 3\sqrt{3}\sin\frac{A}{2} \cdot \sin\frac{B}{2} \cdot$$
$$\sin\frac{C}{2} = 8\sqrt{3}R^2 \cdot \sin A \cdot \sin B \cdot \sin C = 4\sqrt{3}T$$

解法 18 由算术－几何平均不等式,知
$$(s-a)(s-b) \leqslant (\frac{1}{2}(s-a+s-b))^2 = \frac{1}{4}c^2$$
$$s = \frac{1}{2}(a+b+c)$$
$$(s-b)(s-c) \leqslant \frac{1}{4}a^2$$
$$(s-c)(s-a) \leqslant \frac{1}{4}b^2$$

三式相加,得
$$a^2 + b^2 + c^2 \geqslant 4((s-a)(s-b) + (s-b)(s-c) + (s-c)(s-a))$$

又
$$(s-a)(s-b) + (s-b)(s-c) + (s-c)(s-a) \geqslant$$
$$3((s-a)(s-b)(s-c))^{\frac{2}{3}}$$

从而 $\quad (a^2+b^2+c^2)^3 \geqslant 12^3((s-a)(s-b)(s-c))^2$

易知 $\quad a^2+b^2+c^2 \geqslant \frac{1}{3}(a+b+c) = \frac{4}{3}s^2$

两式相乘得 $\quad (a^2+b^2+c^2)^4 \geqslant \frac{4}{3} \cdot 12^3 \cdot T^4$

由此即有 $\quad a^2+b^2+c^2 \geqslant 4\sqrt{3}T$

解法 19 如图 3.4 所示,设 AB 为 $\triangle ABC$ 的最大边,AB 边上

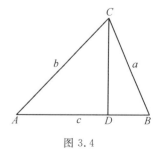

图 3.4

的高为 $CD=\dfrac{2T}{c}$. 设 $AD=x,DB=c-x$, 于是

$$b^2=(\dfrac{2T}{c})^2+x^2, a^2=(\dfrac{2T}{c})^2+(c-x)^2$$

故 $$a^2+b^2+c^2 \geqslant \dfrac{3}{2}c^2+2(\dfrac{2T}{c})^2$$

但 $$\dfrac{3}{2}c^2+2(\dfrac{2T}{c})^2 \geqslant 2\sqrt{\dfrac{3}{2}c^2 \cdot 2(\dfrac{2T}{c})^2}=4\sqrt{3}\,T$$

所以 $$a^2+b^2+c^2 \geqslant 4\sqrt{3}\,T$$

解法 20 设 AB 为 $\triangle ABC$ 的最大边，AB 边上的高 $CD=h$，并设 $AD=l,DB=m$，则 $l+m=c$，又

$$T=\dfrac{1}{2}(l+m)h, b^2=l^2+h^2, a^2=m^2+h^2$$

所以

$$a^2+b^2+c^2-4\sqrt{3}\,T=$$
$$(l+m)^2+m^2+h^2+l^2+h^2-2\sqrt{3}(l+m)h=$$
$$2(h^2-\sqrt{3}(l+m)h+l^2+lm+m^2)$$

令 $$y=h^2-\sqrt{3}(l+m)h+l^2+lm+m^2$$

这是一个关于 h 的二次函数，其判别式

$$3(l+m)^2-4(l^2+lm+m^2)=-(l-m)^2 \leqslant 0$$

故 $$y=h^2-\sqrt{3}(l+m)h+l^2+lm+m^2 \geqslant 0$$

从而有 $$a^2+b^2+c^2 \geqslant 4\sqrt{3}\,T$$

解法 21 不妨设 $AB \geqslant AC \geqslant BC$，如图 3.5 所示，以 BC 为底作正 $\triangle A'BC$，使 A 和 A' 在 BC 的同侧. 在 $\triangle ACA'$ 中，由余弦定理得

$$AA'^2=\dfrac{1}{2}(a^2+b^2+c^2-4\sqrt{3}\,T)$$

因为 $AA'^2 \geqslant 0$，所以

$$a^2+b^2+c^2 \geqslant 4\sqrt{3}\,T$$

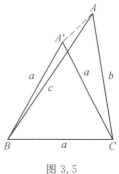

图 3.5

解法 22 如图 3.6 所示，设 BC 为 $\triangle ABC$ 的较小边，以 BC 为边作正三角形，使 A 和 A' 在 BC 的同侧，分别过 A,A' 作 BC 的垂线交 BC 于 D,E. 设 $AD=h$，则

$$AA'^2=DE^2+(h-\dfrac{\sqrt{3}}{2}a)^2=BD^2-a \cdot BD+a^2+h^2-2\sqrt{3}\,T$$

所以 $2AA'^2+4\sqrt{3}\,T=a^2+c^2+h^2+DC^2=a^2+b^2+c^2$

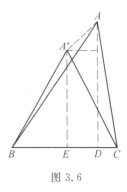

图 3.6

因为 $AA'^2 \geqslant 0$. 所以
$$a^2 + b^2 + c^2 \geqslant 4\sqrt{3}\,T$$

解法 23 如图 3.7 所示，分别以 $\triangle ABC$ 的边 BC, CA, AB 为一边向内侧作正三角形，它们的中心依次为 A', B', C'，若 K, L 为 BC 的三等分点，则 $\triangle A'KL$ 为正三角形，在 $\triangle BA'L$ 中，由余弦定理，得

$$BA'^2 = BL^2 + LA'^2 - 2BL \cdot LA' \cdot \cos \angle BLA' = \frac{1}{3}a^2$$

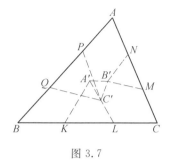

图 3.7

同理 $\qquad BC'^2 = \frac{1}{3}c^2$

在 $\triangle A'BC'$ 中，有
$$C'A'^2 = \frac{1}{3}a^2 + \frac{1}{3}c^2 - 2 \cdot \frac{a}{\sqrt{3}} \cdot \frac{c}{\sqrt{3}} \cos\left(B - \frac{\pi}{3}\right) =$$
$$\frac{1}{3}a^2 + \frac{1}{3}c^2 - \frac{1}{3}ac(\cos B + \sqrt{3}\sin B)$$

由 $T = \frac{1}{2}ca \cdot \sin B$ 及 $\cos B = \dfrac{c^2 + a^2 - b^2}{2ca}$，有

$$C'A'^2 = \frac{1}{3}a^2 + \frac{1}{3}c^2 - \frac{1}{6}(a^2 + c^2 - b^2) - \frac{2}{\sqrt{3}}T =$$
$$\frac{1}{6}(a^2 + b^2 + c^2 - 4\sqrt{3}\,T)$$

因为 $C'A'^2 \geqslant 0$，所以 $a^2 + b^2 + c^2 \geqslant 4\sqrt{3}\,T$. 由于同理可证
$$A'B'^2 = B'C'^2 = \frac{1}{6}(a^2 + b^2 + c^2 - 4\sqrt{3}\,T)$$

故 $\triangle A'B'C'$ 为正三角形，$\triangle A'B'C'$ 通常称为拿破仑（Napoleon）三角形，显然当 $\triangle ABC$ 为正三角形时，它退化为一点.

所以 $\qquad a^2 + b^2 + c^2 \geqslant 4\sqrt{3}\,T$

解法 24 如图 3.8 所示，在平面直角坐标系中，设 $\triangle ABC$ 三顶点的坐标为 $A(p,q), B(0,0), C(a,0)$，其中 $q > 0$. 因为
$$b^2 = (a-p)^2 + q^2, c^2 = p^2 + q^2, T = \frac{1}{2}aq$$

所以
$$a^2 + b^2 + c^2 - 4\sqrt{3}\,T = 2a^2 + 2p^2 + 2q^2 - 2ap - 2\sqrt{3}\,aq =$$
$$2\left(\left(p - \frac{a}{2}\right)^2 + \left(q - \frac{\sqrt{3}}{2}a\right)^2\right) \geqslant 0$$

于是 $\qquad a^2 + b^2 + c^2 \geqslant 4\sqrt{3}\,T$

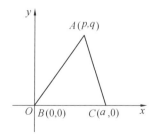

图 3.8

解法 25 如图 3.9 所示，在复平面上，置 $\triangle ABC$ 的边 BC 在

正实轴上，B 重合于坐标原点，设 A,C 所对应的复数为
$$z_1 = \xi + i\eta(\eta > 0), z_2 = a + i0 = a$$

因为 $\qquad T = \dfrac{1}{2}a\,|\,z_1\,|\sin \angle CBA = \dfrac{1}{2}a\eta$

而 $\qquad a^2 + b^2 + c^2 = 2(a^2 + \xi^2 + \eta^2 - a\xi)$

所以 $\quad a^2 + b^2 + c^2 - 4\sqrt{3}\,T = 2(a^2 + \xi^2 + \eta^2 - a\xi - \sqrt{3}\,a\eta) =$
$$2\left(\left(\xi - \dfrac{a}{2}\right)^2 + \left(\eta - \dfrac{\sqrt{3}}{2}a\right)^2\right) \geqslant 0$$

从而有 $\qquad a^2 + b^2 + c^2 \geqslant 4\sqrt{3}\,T$

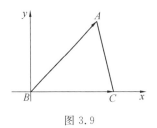

图 3.9

解法 26 如图 3.10 所示，分别以 $\triangle ABC$ 三边为一边向外侧作正 $\triangle BCD$，$\triangle CAE$，$\triangle ABF$，设它们的中心分别为 O_1, O_2, O_3，若 $\triangle ABF$ 的外接圆和 $\triangle BCD$ 的外接圆交于 O，则 $\angle AOB = \angle BOC = 120°$，从而 $\angle AOC = 120°$，于是 $\triangle CAE$ 的外接圆也过点 O. 联结 BO_1, CO_1，则 $\angle BO_1C = 120°$，$\triangle BO_1C$ 和 $\triangle BOC$ 有公共的底边 BC，且 $\angle BO_1C = \angle BOC$，根据三角形的一边及该边所对的顶角一定时，以此三角形的另两边为腰的等腰三角形具有最大面积（证明过程这里略去），故 $\triangle BO_1C$ 的面积大于等于 $\triangle BOC$ 的面积. 若 $\triangle BOC, \triangle COA, \triangle AOB$ 的面积分别记为 T_1, T_2, T_3，又 $\triangle BO_1C$ 的面积等于 $\dfrac{1}{3}\triangle BCD$ 的面积等于 $\dfrac{1}{3} \cdot \dfrac{\sqrt{3}}{4}a^2$. 于是

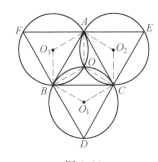

图 3.10

$$\dfrac{1}{3} \cdot \dfrac{\sqrt{3}}{4}a^2 \geqslant T_1$$

同理 $\qquad \dfrac{1}{3} \cdot \dfrac{\sqrt{3}}{4}b^2 \geqslant T_2, \dfrac{1}{3} \cdot \dfrac{\sqrt{3}}{4}c^2 \geqslant T_3$

三式相加，得
$$\dfrac{\sqrt{3}}{12}(a^2 + b^2 + c^2) \geqslant T_1 + T_2 + T_3 = T$$

因此 $\qquad a^2 + b^2 + c^2 \geqslant 4\sqrt{3}\,T$

推广 设 $\triangle ABC$ 与 $\triangle A'B'C'$ 的三边长分别为 a, b, c 与 a', b', c'，面积为 T 与 T'，则有
$$a'^2(b^2 + c^2 - a^2) + b'^2(c^2 + a^2 - b^2) +$$
$$c'^2(a^2 + b^2 - c^2) \geqslant 16TT' \qquad ⑦$$

其中，等号当且仅当 $\triangle ABC$ 与 $\triangle A'B'C'$ 相似时成立.

不等式 ⑦ 是美国几何学家匹多 (Pedoe) 于 1942 年重新发现并证明的一个不等式，这个不等式事实上在 1897 年就被尼尔伯格 (J. Neuberg) 发现. 但直到 1979 年才被介绍到我国. 这个第一个涉及两个三角形的不等式，以它外形的优美对称，证法的多种多

样而吸引着我国的许多读者,近年来,有不少专家学者及数学爱好者讨论过这个不等式的加强、推广和应用.特别要指出的是,1981 年,杨路和张景中教授对于高维空间的两个单纯形建立了类似于 ⑦ 的不等式.下面我们介绍不等式 ⑦ 的各种证明.

证法 1　如图 3.11 所示,在 $\triangle ABC$ 的三边 BC, CA, AB 上分别向内侧作 $\triangle A''BC, \triangle AB''C, \triangle ABC''$,使它们都与另外任意指定的 $\triangle A'B'C'$ 相似,并设 $\triangle A''BC, \triangle AB''C$ 与 $\triangle ABC''$ 的外心分别为 U, V 与 W.为了不使图形过于复杂,在图 3.11 中,我们只在 $\triangle ABC$ 的边 AB 上画 $\triangle ABC'' \backsim \triangle A'B'C'$,并标出 $\triangle ABC''$ 的外心 W.这时

$$\angle BAW = \frac{1}{2}(\pi - 2\angle C') = \frac{\pi}{2} - \angle C'$$

此证法属于匹多

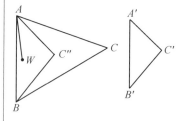

图 3.11

同理
$$\angle CAV = \frac{\pi}{2} - B'$$

于是
$$\angle VAW = | \angle A - (\frac{\pi}{2} - \angle B') - (\frac{\pi}{2} - \angle C') | =$$
$$| \angle A - (\pi - \angle B' - \angle C') | = | \angle A - \angle A' |$$

又由于 $AW = \dfrac{c/2}{\cos \angle BAW} = \dfrac{c/2}{\cos(\frac{\pi}{2} - C')} = \dfrac{c}{2\sin C'}$

$$AV = \frac{b}{2\sin B'}$$

所以,由余弦定理,有
$$VW^2 = \frac{1}{4}\left(\frac{b^2}{\sin^2 B'} + \frac{c^2}{\sin^2 C'} - \frac{2bc}{\sin B' \cdot \sin C'}\cos(A - A')\right)$$

根据正弦定理,有
$$\sin B' = \frac{b'}{2R'}, \sin C' = \frac{c'}{2R'}$$

其中,R' 表示 $\triangle A'B'C'$ 的外接圆半径,代入上式,有
$$VW^2 = R'^2 \left(\frac{b^2}{b'^2} + \frac{c^2}{c'^2} - 2\frac{bc}{b'c'}(\cos A \cdot \cos A' + \sin A \cdot \sin A')\right) =$$
$$\frac{R'^2}{2b'^2 c'^2}\Big(2b^2 c'^2 + 2b'^2 c^2 - (2bc \cdot \cos A) \cdot$$
$$(2b'c' \cdot \cos A') - 16\left(\frac{1}{2}bc \cdot \sin A\right)\left(\frac{1}{2}b'c' \cdot \sin A'\right)\Big)$$

利用余弦定理以及 $\triangle = \dfrac{1}{2}bc \cdot \sin A, \triangle' = \dfrac{1}{2}b'c' \cdot \sin A$,可以得到

$$VW^2 = \frac{R'^2}{2b'^2 c'^2}(2b^2 c'^2 + 2b'^2 c^2 - (b^2 + c^2 - a^2)(b'^2 + c'^2 - a'^2) - 16\triangle\triangle')$$

化简此式右边,可得

$$\left(\frac{VW}{a'}\right)^2 = \frac{1}{2}\left(\frac{R'}{a'b'c'}\right)^2 (H - 16\triangle\triangle')$$

其中 $\quad H \equiv a'^2(b^2 + c^2 - a^2) + b'^2(c^2 + a^2 - b^2) + c'^2(a^2 + b^2 - c^2)$

注意到上式右边是 a,b,c 及 a',b',c' 的对称式,故可以得出

$$\frac{VW}{a'} = \frac{WU}{b'} = \frac{UV}{c'}$$

这表明 $\triangle UVW$ 与 $\triangle A'B'C'$ 相似. 显然有 $H - 16\triangle\triangle' \geqslant 0$,其中等号当且仅当 U,V,W 三点重合时成立,亦即 $\triangle ABC \backsim \triangle A'B'C'$ 时成立,这就证得了不等式 ⑦.

证法 2 在 $\triangle ABC$ 的边 BC 上,向点 A 所在的一侧作 $\triangle A''BC$,如图 3.12 所示,使得 $\triangle A''BC \backsim \triangle A'B'C'$. 在 $\triangle ACA''$ 中,根据余弦定理

$$A''A^2 = AC^2 + A''C^2 - 2AC \cdot A''C \cdot \cos \angle ACA''$$

但因 $\quad AC = b, A''C = a\left(\dfrac{b'}{a'}\right), \angle ACA'' = |\angle C' - \angle C|$

所以 $\quad a'^2 \cdot A''A^2 = \dfrac{1}{2}(H - 16\triangle\triangle')$

其中

$$H = a'^2(b^2 + c^2 - a^2) + b'^2(c^2 + a^2 - b^2) + c'^2(a^2 + b^2 - c^2)$$

显然 $a'^2 \cdot A''A^2 \geqslant 0$,因此式 ⑦ 成立.

证法 3 令 $a^2 = x, b^2 = y, c^2 = z, a'^2 = x', b'^2 = y', c'^2 = z'$,则

$$H = x'(y + z - x) + y'(z + x - y) + z'(x + y - z) = x(y' + z' - x') + y(z' + x' - y') + z(x' + y' - z')$$

其中,H 表示的意义同证法 1,2. 又

$$16\triangle^2 = 2xy + 2yz + 2zx - x^2 - y^2 - z^2$$
$$16\triangle'^2 = 2x'y' + 2y'z' + 2z'x' - x'^2 - y'^2 - z'^2$$

容易验证 $H^2 - (16\triangle\triangle')^2 = -4(UV + VW + WU)$

其中 $\quad U = yz' - y'z, V = zx' - z'x, W = xy' - x'y$

因为 $\quad xU + yV + zW = 0$

我们可得

$$-4xz(VW + WU + UV) = (2xU + (x + y - z)V)^2 + 16\triangle^2 \cdot \triangle'^2$$

由此可得

$$xz(H^2 - (16\triangle\triangle')^2) = (2xU + (x + y - z)V)^2 + 16\triangle^2 \triangle'^2$$

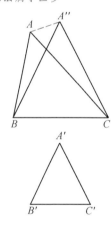

此证法属于匹多

图 3.12

此证法属于 Carlitz

因为 $xz > 0, \triangle^2 > 0$，由上式可得 $H^2 \geqslant (16\triangle\triangle')^2$，所以 $H \geqslant 16\triangle\triangle'$.

证法 4　由余弦定理，得
$$H = a'^2(b^2 + c^2 - a^2) + b'^2(c^2 + a^2 - b^2) + c'^2(a^2 + b^2 - c^2) =$$
$$2(a^2b'^2 + a'^2b^2 - 2aba'b' \cdot \cos C \cdot \cos C')$$

又因为
$$16\triangle\triangle' = 4aba'b' \cdot \sin C \cdot \sin C'$$

所以
$$H - 16\triangle\triangle' = 2((ab' - a'b)^2 + 2aba'b'(1 - \cos(C - C')))$$

由此可见 $H \geqslant 16\triangle\triangle'$.

此证法属于张在明

证法 5　由柯西不等式，知
$$(16\triangle\triangle' + 2(a^2a'^2 + b^2b'^2 + c^2c'^2))^2 =$$
$$(4\triangle \cdot 4\triangle' + \sqrt{2}a^2 \cdot \sqrt{2}a'^2 + \sqrt{2}b^2 \cdot \sqrt{2}b'^2 + \sqrt{2}c^2 \cdot \sqrt{2}c'^2)^2 \leqslant (16\triangle^2 + 2a^4 + 2b^4 + 2c^4)(16\triangle'^2 + 2a'^4 + 2b'^4 + 2c'^4)$$

但
$$16\triangle^2 = 2a^2b^2 + 2b^2c^2 + 2c^2a^2 - a^4 - b^4 - c^4$$
$$16\triangle'^2 = 2a'^2b'^2 + 2b'^2c'^2 + 2c'^2a'^2 - a'^4 - b'^4 - c'^4$$

所以
$$(16\triangle\triangle' + 2(a^2a'^2 + b^2b'^2 + c^2c'^2))^2 \leqslant (a^2 + b^2 + c^2)^2(a'^2 + b'^2 + c'^2)^2$$

从而
$$(a^2 + b^2 + c^2)^2(a'^2 + b'^2 + c'^2)^2 - 2(a^2a'^2 + b^2b'^2 + c^2c'^2) \geqslant 16\triangle\triangle'$$

此即 ⑦.

此证法属于陈计、何明秋

证法 6　如图 3.13 所示，把 $\triangle ABC$ 的顶点 C 放在复平面坐标系的原点，其余两个顶点用复数 α, β 来记. 于是有 $a = |\alpha|, b = |\beta|, c = |\alpha - \beta|$，同样，把 $\triangle A'B'C'$ 的顶点 C' 也放在原点上，其余两个顶点用复数 α', β' 来记，故有 $a' = |\alpha'|, b' = |\beta'|, c' = |\alpha' - \beta'|$. 这样一来
$$a'^2(b^2 + c^2 - a^2) = \alpha'\bar{\alpha}'(\beta\bar{\beta} + (\alpha - \beta)(\bar{\alpha} - \bar{\beta}) - \alpha\bar{\alpha}) =$$
$$\alpha'\bar{\alpha}'(2\beta\bar{\beta} - (\alpha\bar{\beta} + \bar{\alpha}\beta))$$
$$b'^2(c^2 + a^2 - b^2) = \beta'\bar{\beta}'((\alpha - \beta)(\bar{\alpha} - \bar{\beta}) + \alpha\bar{\alpha} - \beta\bar{\beta}) =$$
$$\beta'\bar{\beta}'(2\alpha\bar{\alpha} - (\alpha\bar{\beta} + \bar{\alpha}\beta))$$
$$c'^2(a^2 + b^2 - c^2) = (\alpha' - \beta')(\bar{\alpha}' - \bar{\beta}')(\alpha\bar{\alpha} + \beta\bar{\beta} - (\alpha - \beta)(\bar{\alpha} - \bar{\beta})) =$$

此证法属于常庚哲

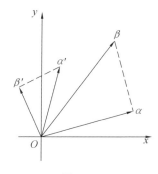

图 3.13

$$(\overline{\alpha'}\alpha' - \overline{\beta'}\beta' - (\overline{\alpha'}\beta' + \alpha'\overline{\beta'}))(\overline{\alpha}\beta + \overline{\alpha}\beta)$$

将以上三式两边分别相加,得到

$$H = a'^2(b^2 + c^2 - a^2) + b'^2(c^2 + a^2 - b^2) + c'^2(a^2 + b^2 - c^2) =$$
$$2(|\alpha'|^2|\beta|^2 + |\alpha|^2|\beta'|^2) - (\overline{\alpha}\beta + \overline{\alpha}\beta)(\overline{\alpha'}\beta' + \alpha'\overline{\beta'}) \quad \text{⑧}$$

在图 3.13 所示的情形下,我们有

$$\triangle = \frac{1}{2}\text{Im}(\overline{\alpha}\beta) = \frac{1}{2} \cdot \frac{\overline{\alpha}\beta - \alpha\overline{\beta}}{2\text{i}}$$

其中,$\text{Im}(z)$ 代表复数 z 的虚部,同理

$$\triangle' = \frac{1}{2} \cdot \frac{\overline{\alpha'}\beta' - \alpha'\overline{\beta'}}{2\text{i}}$$

所以

$$16\triangle\triangle' = -(\overline{\alpha}\beta - \alpha\overline{\beta})(\overline{\alpha'}\beta' - \alpha'\overline{\beta'}) \quad \text{⑨}$$

由 ⑧,⑨ 经过简单计算,得

$$H - 16\triangle\triangle' = 2|\alpha\beta' - \alpha'\beta|^2 \quad \text{⑩}$$

由此显然可见 $H - 16\triangle\triangle' \geqslant 0$,即式 ⑦ 成立.

❸ 解方程

$$\cos^n x - \sin^n x = 1$$

其中,n 是任意已知的自然数.

保加利亚命题

解法 1 把原方程移项得

$$\cos^n x = 1 + \sin^n x$$

(1) 设 n 是偶数. 因

$$1 + \sin^n x \geqslant 1, \cos^n x \leqslant 1$$

故只有当

$$1 + \sin^n x = \cos^n x = 1$$

时原方程才能成立,解之得

$$x = k\pi, k \in \mathbf{Z}$$

(2) 设 n 是奇数. 由于

$$1 \geqslant \cos^n x = 1 + \sin^n x \geqslant 0$$

可知 $\sin^n x \leqslant 0, \cos^n x \geqslant 0$. 故 x 是在第四象限的角,即

$$2k\pi - \frac{\pi}{2} \leqslant x \leqslant 2k\pi, k \in \mathbf{Z}$$

从而可知 $x = 2k\pi$ 及 $x = 2k\pi - \frac{\pi}{2}(k \in \mathbf{Z})$ 是原方程的解. 而 x 在 $2k\pi - \frac{\pi}{2}$ 及 $2k\pi$ 之间的值不能满足原方程:若 $n = 1$,易验证;若 $n \geqslant 3$,则

$$|\cos x| > \cos^2 x > |\cos x|^n, |\sin x| > \sin^2 x > |\sin x|^n$$

故

$$|\cos x| + |\sin x| > \cos^2 x + \sin^2 x = 1 >$$

故此时
$$\cos^n x - \sin^n x \neq \frac{|\cos x|^n + |\sin x|^n}{1}$$

解法 2 (1) 当 n 是偶数时,$\sin^n x \geqslant 0$,$\cos^n x \leqslant 1$,所以
$$\cos^n x - \sin^n x \leqslant 1$$
要使 $\cos^n x - \sin^n x = 1$ 成立,必须且只需 $\cos^n x = 1$ 且 $\sin^n x = 0$,即 $\cos x = \pm 1$ 且 $\sin x = 0$. 由此得方程的解为
$$x = k\pi, k \in \mathbf{Z}$$

(2) 当 n 是奇数时,将原方程写为
$$\cos^n x = 1 + \sin^n x$$
由于 $\sin x \geqslant -1$,所以 $\sin^n x \geqslant -1$,必有 $\cos^n x \geqslant 0$,$\cos x \geqslant 0$;又因 $\cos x \leqslant 1$,所以 $\cos^n x \leqslant 1$,必有 $\sin^n x \leqslant 0$,$\sin x \leqslant 0$.

若 $\sin x = 0$,代入方程得 $\cos^n x = 1$,有 $\cos x = 1$,由此得方程的一组解为
$$x = 2k\pi, k \in \mathbf{Z}$$
若 $\sin^n x = -1$,代入方程得 $\cos^n x = 0$,有 $\cos x = 0$,由此得方程的又一解为
$$x = 2k\pi - \frac{\pi}{2}, k \in \mathbf{Z}$$

最后,若 $-1 < \sin x < 0$,这时 $0 < \cos^n x < 1$,有 $0 < \cos x < 1$. 于是原方程可以写为
$$|\cos x|^n + |\sin x|^n = 1$$
当 $n \geqslant 3$ 时
$$|\cos x|^n < \cos^2 x, |\sin x|^n < \sin^2 x$$
$$|\cos x|^n + |\sin x|^n < \cos^2 x + \sin^2 x = 1$$
所以当 $n \geqslant 3$ 时,原方程没有适合 $-1 < \sin x < 0$ 的解.

当 $n = 1$ 时,原方程就是
$$\cos x - \sin x = 1$$
即 $\sqrt{2}\cos\left(\frac{\pi}{4} + x\right) = 1$,$\cos\left(\frac{\pi}{4} + x\right) = \frac{\sqrt{2}}{2}$,$\frac{\pi}{4} + x = 2k\pi \pm \frac{\pi}{4}$

所以 $x = 2k\pi$ 或 $x = 2k\pi - \frac{\pi}{2}(k \in \mathbf{Z})$. 对于这两组解,分别有 $\cos x = 1$,$\sin x = 0$ 或 $\cos x = 0$,$\sin x = -1$,但不适合 $-1 < \sin x < 0$.

综上所述,得原方程的解为
$$x = \begin{cases} k\pi, \text{当 } n \text{ 为偶数时}, k \in \mathbf{Z} \\ 2k\pi \text{ 或 } 2k\pi - \frac{\pi}{2}, \text{当 } n \text{ 为奇数时}, k \in \mathbf{Z} \end{cases}$$

解法 3 (1) n 为偶数时,同解法 1.

(2) n 为奇数时,由于
$$\cos^n x = 1 - \sin^n x \geqslant 0, \sin^n x = \cos^n x - 1 \leqslant 0$$
则
$$\cos x \geqslant 0, \sin x \leqslant 0$$

由此,x 只能在第四象限.

现设 $x = -x'$,则 x' 在第一象限,而原方程变形为
$$\cos^n x' + \sin^n x' = 1 \qquad ①$$

当 $x' = 2k\pi$ 或 $x' = 2k\pi + \dfrac{\pi}{2}$ 时,方程 ① 显然成立;若 $x' \neq 2k\pi$ 且 $x' \neq 2k\pi + \dfrac{\pi}{2}$,则对于任意自然数 $n_1 > n_2$,有
$$(\cos^{n_1} x' + \sin^{n_1} x') - (\cos^{n_2} x' + \sin^{n_2} x') =$$
$$\cos^{n_2} x' (\cos^{n_1-n_2} x' - 1) + \sin^{n_2} x' (\sin^{n_1-n_2} x' - 1) < 0$$

这就是说,在上述条件下,对于任意确定的角 x',函数 $\cos^n x' + \sin^n x'$ 关于变数 n 是递减的.

已知 $n = 2$ 时
$$\cos^2 x' + \sin^2 x' = 1$$
则当 $n \neq 2$ 时
$$\cos^n x' + \sin^n x' \neq 1$$

即除 $x' = 2k\pi$,$x' = 2k\pi + \dfrac{\pi}{2}$ 外,在第一象限内,方程 ① 无其他的解.

从而可以判定,对于原方程而言,在第四象限内,除 $x = 2k\pi$,$x = 2k\pi - \dfrac{\pi}{2}$ 外,亦无其他的解,其中 k 均为整数.

综合上述讨论,所得结论将与前两种解法一致.

❹ 设有 $\triangle P_1P_2P_3$ 及该三角形内的任意一点 P. 直线 P_1P,P_2P,P_3P 交三角形的对边于 Q_1, Q_2, Q_3. 求证:在比值 $\dfrac{P_1P}{PQ_1}$,$\dfrac{P_2P}{PQ_2}$,$\dfrac{P_3P}{PQ_3}$ 中,至少有一个不大于 2,也至少有一个不小于 2.

民主德国命题

证法 1 用记号 $S_{\triangle XYZ}$ 表示 $\triangle XYZ$ 的面积,并设
$$A = S_{\triangle PP_2P_3}, B = S_{\triangle PP_3P_1}, C = S_{\triangle PP_1P_2}$$
则
$$A + B + C = S_{\triangle P_1P_2P_3}$$

P_2P_3 是 $\triangle PP_2P_3$ 及 $\triangle P_1P_2P_3$ 的公共边. 这两个三角形的高的比等于 $PQ_1 : P_1Q_1$. 所以它们面积的比也等于 $PQ_1 : P_1Q_1$,如图 3.14 所示,即
$$PQ_1 : P_1Q_1 = A : (A + B + C)$$

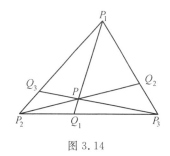

图 3.14

同理
$$PQ_2 : P_2Q_2 = B : (A+B+C)$$
$$PQ_3 : P_3Q_3 = C : (A+B+C)$$

所以
$$\frac{PQ_1}{P_1Q_1}+\frac{PQ_2}{P_2Q_2}+\frac{PQ_3}{P_3Q_3}=1$$

可知三个比值中至少有一个不大于 $\frac{1}{3}$,也至少有一个不小于 $\frac{1}{3}$. 但对于 $i=1,2,3$,有

$$\frac{PQ_i}{P_iQ_i}\leqslant\frac{1}{3}\Leftrightarrow\frac{P_iQ_i}{PQ_i}\geqslant 3\Leftrightarrow\frac{P_iP}{PQ_i}+1\geqslant 3\Leftrightarrow\frac{P_iP}{PQ_i}\geqslant 2$$

同样可得
$$\frac{PQ_i}{P_iQ_i}\geqslant\frac{1}{3}\Leftrightarrow\frac{P_iP}{PQ_i}\leqslant 2$$

故命题得证.

证法 2 设 G 是 $\triangle P_1P_2P_3$ 的重心,过 G 作 $X_2X_3 \parallel P_2P_3$, $Y_3Y_1 \parallel P_3P_1$, $Z_1Z_2 \parallel P_1P_2$, 如图 3.15 所示.

若 P 是 $\triangle P_1P_2P_3$ 内的任意一点,这点必定在 $\triangle P_1X_2X_3$, $\triangle P_2Y_3Y_1$ 或 $\triangle P_3Z_1Z_2$ 之内或边上. 不妨设点 P 是在 $\triangle P_1X_2X_3$ 之内或边上. 因 $P_1G/GM_1=2$,可知 $P_1P/PQ_1\leqslant 2$.

另一方面,点 P 必是在梯形 $P_2P_3X_2X_3$, $P_3P_1Y_3Y_1$ 或 $P_1P_2Z_1Z_2$ 之外或边上. 不妨设点 P 是在梯形 $P_3P_1Y_3Y_1$ 之外或边上. 因 $P_2G/GM_2=2$,可知 $P_2P/PQ_2\geqslant 2$.

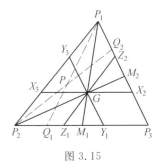

图 3.15

证法 3 如图 3.16 所示,设点 S 是 $\triangle P_1P_2P_3$ 的重心,P_1M_1, P_2M_2, P_3M_3 是 $\triangle P_1P_2P_3$ 的三条中线,则有

$$\frac{P_1S}{SM_1}=\frac{P_2S}{SM_2}=\frac{P_3S}{SM_3}=2$$

若点 P 与点 S 重合,即 Q_1,Q_2,Q_3 三点分别与点 M_1,M_2,M_3 重合,故有

$$\frac{P_1P}{PQ_1}=\frac{P_2P}{PQ_2}=\frac{P_3P}{PQ_3}=2$$

命题成立.

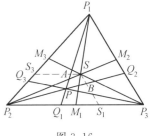

图 3.16

若点 P 与点 S 不重合,则点 P 必属于下列六个三角形之一,即 $\triangle SP_1M_3$, $\triangle SP_2M_3$, $\triangle SP_2M_1$, $\triangle SP_3M_1$, $\triangle SP_3M_2$, $\triangle SP_1M_2$ 中的某一个(可以在边上,但不与顶点重合).

不失一般性,我们设点 P 在 $\triangle SP_2M_1$ 内. 过 S 作 $SS_3 \parallel P_3P_2$,与 P_1P_2 相交于点 S_3,它与 P_1Q_1 亦必相交,设交点为 A. 因为 $\triangle SP_2M_1$ 在四边形 $SS_3P_2M_1$ 内,所以点 A 在 P_1, P 两点之间,从而有

$$\frac{P_1P}{PQ_1} > \frac{P_1A}{AQ_1} = \frac{P_1S}{SM_1} = 2$$

再过 S 作 $SS_1 \parallel P_1P_3$，与 P_2P_3 相交于点 S_1，它与 P_2Q_2 亦必相交，设交点为 B. 因为 $\triangle SP_2M_1$ 在 $\triangle SP_2S_1$ 内，所以点 B 在 P，Q_2 两点之间，从而有

$$\frac{P_2P}{PQ_2} < \frac{P_2B}{BQ_2} = \frac{P_2S}{SM_2} = 2$$

这就得到

$$\frac{P_1P}{PQ_1} > 2, \frac{P_2P}{PQ_2} < 2$$

命题成立.

如果点 P 在其他某一个 $\triangle SP_iM_j(i,j=1,2,3, i \neq j)$ 内，同样可证.

总之，对于 $\triangle P_1P_2P_3$ 内的任一点 P，命题成立.

注 这个问题也很容易由 2 维推广到 3 维，设 P 为四面体 $ABCD$ 内任意一点，分别联结 AP,BP,CP,DP，顺次与所对的面 BCD,CDA,DAB,ABC 交于点 Q_1,Q_2,Q_3,Q_4，求证

$$PQ_1 : AP, PQ_2 : BP, PQ_3 : CP, PQ_4 : DP$$

这四个比中，至少有一个不大于 3，也至少有一个不小于 $\frac{1}{3}$.

❺ 求作一个 $\triangle ABC$，已知其二边 $AC = b, AB = c$，$\angle AMB = \omega < 90°$（$M$ 是 BC 的中点）. 求证：当且仅当

$$b \cdot \tan \frac{\omega}{2} \leqslant c < b$$

时，作图是可能的. 并说明在什么情况下等号成立？

捷克斯洛伐克命题

解法 1

作法 作长度等于 b 的线段 AC，在 AC 的中点 N 作垂线，以 C 为顶点，CN 为一边作 $\angle NCX = \frac{1}{2}(\pi - \omega)$，使另一边交 AC 的中垂线于 X. 又作 CX 的中垂线使其交 NX 于 O. 以 O 为圆心，OC 为半径作圆，则 $\angle NXC = \frac{\omega}{2}$.

若 $\frac{c}{2} > OX - ON$，以 N 为圆心，$\frac{c}{2}$ 为半径作弧交圆 O 于两点 M 和 M'，延长 $CM(CM')$ 至 $B(B')$ 使 $MB = MC(M'B' = M'C)$，则 $\triangle ABC$ 和 $\triangle AB'C$ 是所求作的三角形，如图 3.17 所示.

若 $\frac{c}{2} = OX - ON$，则以 N 为圆心，$\frac{c}{2}$ 为半径作弧切圆 O 于 M，延长 CM 至 B 使 $MB = MC$. 则 $\triangle ABC$ 是所求作的三角形，如图

分析 设 AC 是圆 O 的弦而且优弧 $\overset{\frown}{AXC}$ 所对的圆周角为 $\pi - \omega$，对于劣弧 $\overset{\frown}{AC}$ 间的任一点 M，$\angle AMC$ 的外角等于 ω. 若 M 是 BC 的中点，N 是 AC 的中点，则 $MN = \frac{c}{2}$，故 $\triangle ABC$ 适合所给的条件.

3.18 所示.

若 $\dfrac{c}{2} < OX - ON$,则作图是不可能的.

证明 过 AC 的中点 N 作垂线使其交 $\overset{\frown}{AC}$ 于 M.因 M 是 $\overset{\frown}{AC}$ 的中点,故 $\angle MCN = \angle CXN = \omega/2$.于是得
$$\tan \angle MCN = \tan \dfrac{\omega}{2} = \dfrac{MN}{NC} = \dfrac{c/2}{b/2} = \dfrac{c}{b}$$

所以 $\quad MN = OX - ON \leqslant \dfrac{c}{2} \Leftrightarrow b \cdot \tan \dfrac{\omega}{2} \leqslant c$

又若 $b \leqslant c$,则 $\omega \geqslant 90°$ 与题设不合.

故本题作图可能的充要条件为
$$b \cdot \tan \dfrac{\omega}{2} \leqslant c < b$$

并且当点 M 是 $\overset{\frown}{AC}$ 的中点时,等号成立.

解法 2

作法(图 3.20)

1) 作 $AC = b$,在线段 AC 上作圆周角等于 $180° - \omega$ 的弓形弧 $\overset{\frown}{AkC}$;

2) 取 AC 的中点 N.以 N 为圆心,$\dfrac{c}{2}$ 为半径作弧,与弓形弧 $\overset{\frown}{AkC}$ 相交于点 M;

3) 联结 CM,并在 CM 的延长线上截取 $MB = CM$;

4) 联结 AB,则 $\triangle ABC$ 即为所求作的三角形.

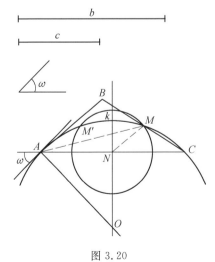

图 3.20

证明 由作法 1),$AC = b$,$\angle AMC = 180° - \omega$,所以
$$\angle AMB = 180° - \angle AMC = \omega$$

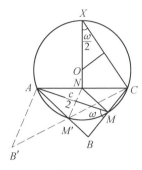

图 3.17

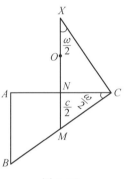

图 3.18

分析 假定 $\triangle ABC$ 已作出,满足题给条件,如图 3.19 所示.

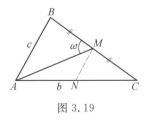

图 3.19

因为
$$\angle AMB = \omega < 90°$$
所以
$$\angle AMC = 180° - \omega > 90°$$

取 AC 的中点 N,联结 NM,因为 M 是 BC 的中点,所以 $NM \parallel AB$,$NM = \dfrac{1}{2} AB = \dfrac{c}{2}$.

并且 $MB=CM$（由作法 3）可知）.又由作法 2）知 N 是 AC 的中点，所以
$$AB=2NM=2 \cdot \frac{c}{2}=c$$

于是在 $\triangle AMC$ 中，$AC=b$，AC 上的中线 $NN=\frac{c}{2}$，且 $\angle AMC=180°-\omega$，所以 $\triangle AMC$ 可先作出.

讨论 我们来证明，当且仅当 $b \cdot \tan \frac{\omega}{2} \leqslant c < b$ 时，本题有解.

若本题有解，即 $\triangle ABC$ 能作出，BC 的中点 M 必定在弓形弧 $\overset{\frown}{AkC}$ 上，并且 $NM=\frac{c}{2}$.设弓形弧 $\overset{\frown}{AkC}$ 的圆心为 O，半径为 R，对称轴为 OH（H 在 $\overset{\frown}{AkC}$ 上），如图 3.21 所示.要使点 M 存在，必须
$$OM \leqslant ON+NM \quad \text{①}$$
而 $OM=R, NM=\frac{c}{2}$
$$ON=OH-NH=R-NH=R-NC \cdot \tan \angle ACH = R-\frac{b}{2} \cdot \tan \frac{\omega}{2}$$

代入 ① 得
$$R \leqslant R-\frac{b}{2} \cdot \tan \frac{\omega}{2}+\frac{c}{2}$$
$$\frac{b}{2} \cdot \tan \frac{\omega}{2} \leqslant \frac{c}{2}$$

所以
$$b \cdot \tan \frac{\omega}{2} \leqslant c \quad \text{②}$$

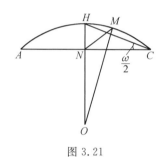

图 3.21

又因在 $\triangle ACM$ 与 $\triangle ABM$ 中（图 3.20）
$$AM=AM, CM=BM$$
$$\angle AMB=\omega<90°, \angle AMC=180°-\omega>90°$$
可得 $\angle AMB < \angle AMC$，所以 $AB < AC$，即
$$c < b \quad \text{③}$$

由 ②，③，即得本题有解的必要条件是
$$b \cdot \tan \frac{\omega}{2} \leqslant c < b$$

再证条件也是充分的，即当 $b \cdot \tan \frac{\omega}{2} \leqslant c < b$ 时，符合要求的 $\triangle ABC$ 能作出.

事实上，由 $c < b$ 可得
$$NA=\frac{b}{2} > \frac{c}{2}$$
即点 A 在以 N 为圆心，$\frac{c}{2}$ 为半径的圆 N 外.

又由 $b \cdot \tan \frac{\omega}{2} \leqslant c$ 可知
$$NH = \frac{b}{2} \cdot \tan \frac{\omega}{2} \leqslant \frac{c}{2}$$
即点 H 不在圆 N 外.

当 $b \cdot \tan \frac{\omega}{2} < c$ 时,$NH < \frac{c}{2}$,即点 H 在圆 N 内. 这时 $\overset{\frown}{AkC}$ 上有一点 A 在圆 N 外,又有一点 H 在圆 N 内,所以 $\overset{\frown}{AkC}$ 与圆 N 必定相交,即点 M 可以作出,进而 $\triangle ABC$ 可作出. 并且 $\overset{\frown}{AkC}$ 与圆 N 有两个交点,所以这时本题有两解(在图 3.20 中,这两个交点为 M,M',由点 M' 可按作法 3),4) 作出另一个符合要求的三角形).

当 $b \cdot \tan \frac{\omega}{2} = c$ 时,$NH = \frac{c}{2}$,$\overset{\frown}{AkC}$ 与圆 N 只有一个交点 H,即点 M 与点 H 重合,这时 $AB \parallel NM \perp AC$,故 $\angle BAC = 90°$. 即所作的 $\triangle ABC$ 是一个直角三角形,如图 3.22 所示.

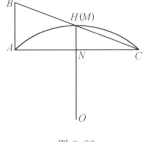

图 3.22

综上所述,当且仅当 $b \cdot \tan \frac{\omega}{2} < c < b$ 时,本题有两解.

当且仅当 $b \cdot \tan \frac{\omega}{2} = c < b$ 时,本题有且仅有一解,$\triangle ABC$ 是直角三角形($\angle A = 90°$).

本题的讨论,也可以从两圆相交的充要条件入手,现扼要说明如下.

注意到,前面已知 $c < b$,而 L 为 AC 的中点,又
$$OA = \frac{b}{2} \cdot \csc \angle AOL = \frac{b}{2} \cdot \csc \delta > \frac{c}{2}$$
所以 L 为圆 AMC 的内点. 因此,它们相交的充要条件是
$$OA - LM \leqslant OL = \frac{b}{2} \cdot \cot \delta$$
即
$$\frac{b}{2} \cdot \csc \delta - \frac{c}{2} \leqslant \frac{b}{2} \cdot \cot \delta$$
等号当它们相内切时成立. 由此立即得到
$$b(\csc \delta - \cot \delta) \leqslant c$$
即
$$\frac{b}{2} \cdot \tan \frac{\delta}{2} \leqslant c < b$$

❻ 已知平面 E 和在其同侧的不共线的三点 A,B,C,且过这三点的平面不平行于 E. A',B',C' 是 E 上任意三个点,线段 AA',BB',CC' 的中点为 L,M,N. G 是 $\triangle LMN$ 的重心(这里不包括 L,M,N 不构成三角形的那些 A',B',C'). 试求 A',B',C' 在平面上无关地变动时,点 G 的轨迹.

罗马尼亚命题

解法 1 如图 3.23 所示,取平面 E 为坐标平面 $z=0$,以过点 A 且垂直于 E 的直线为 z 轴并以 AB 在 E 上的射影为 x 轴.在这样的空间直角坐标系中,设 A,B,C 三点的坐标分别为
$$A(0,0,a_3), B(b_1,0,b_3), C(c_1,c_2,c_3)$$
因这三点是在平面 E 的同侧,故 a_3,b_3,c_3 同号且都不等于 0.

设 E 上三动点的坐标为
$$A'(\alpha_1,\alpha_2,0), B'(\beta_1,\beta_2,0), C'(\gamma_1,\gamma_2,0)$$
则 L,M,N 的坐标分别为
$$L\left(\frac{\alpha_1}{2},\frac{\alpha_2}{2},\frac{a_3}{2}\right), M\left(\frac{b_1+\beta_1}{2},\frac{\beta_2}{2},\frac{b_3}{2}\right), N\left(\frac{c_1+\gamma_1}{2},\frac{c_2+\gamma_2}{2},\frac{c_3}{2}\right)$$

若 $\triangle LMN$ 的重心 G 的坐标为 (x,y,z),则
$$x=\frac{1}{6}(\alpha_1+\beta_1+\gamma_1+b_1+c_1)$$
$$y=\frac{1}{6}(\alpha_2+\beta_2+\gamma_2+c_2)$$
$$z=\frac{1}{6}(a_3+b_3+c_3)$$

因 $a_3+b_3+c_3$ 的值是给定的,故 G 的 z 坐标取定值.这说明点 G 的轨迹是和平面 E 平行的平面,这平面位于 A,B,C 三定点的同侧,且与 E 的距离等于 A,B,C 三点与 E 的距离之和的六分之一,亦即等于 $\triangle ABC$ 的重心与 E 的距离的一半.

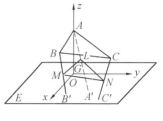

图 3.23

解法 2 作 $\triangle ABC$ 的中线 CD,P,Q 顺次为 CD 的三等分点;对应地作 $\triangle A'B'C'$ 的中线 $C'D'$,P',Q' 顺次为 $C'D'$ 的三等分点.为明确,我们约定:P,P' 分别为 $\triangle ABC,\triangle A'B'C'$ 的重心,如图 3.24 所示.

这样,在空间四边形 $AA'B'B$ 中,D,L,D',M 顺次为其四边中点,因而 $DLD'M$ 为平行四边形,故可设对角线 DD' 与 LM 相互平分于点 H.

同理,在空间四边形 $DD'Q'Q$ 中,取 QQ' 之中点 K,又 H,P,P' 顺次为 $DD',DQ,D'Q'$ 之中点,故 HK 与 PP' 相互平分于 G'.

类似可设:在空间四边形中,$G'N$ 与 QQ' 相互平分于点 K'.

但 QQ' 的中点是唯一的,故 K' 与 K 重合,由此 N,K,G' 三点共线.又已知 H,G',K 三点共线,而过 K,G' 的直线是唯一的,故 N,K,G',H 四点共线.注意到 $NK=KG'=G'H$,则 G' 为 $\triangle LMN$ 的重心,故 G 与 G' 重合,即 G 为 $\triangle ABC$ 与 $\triangle A'B'C'$ 的重心连线 PP' 的中点.

过 $\triangle ABC$ 的重心 P,作直线 $PT\perp$ 平面 E 于点 T,设 S 为 PT 的中点,过 S 作平行于平面 E 的平面 α.显然,点 G 必在平面 α 上,如图 3.25 所示.

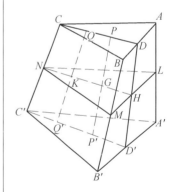

图 3.24

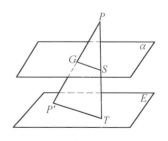

图 3.25

下面我们再证明：平面 α 上的任一点都满足题设条件，参看图 3.24.

设 G 为平面 α 上任一点，联结 PG，并延长与平面 E 交于 P'. 平面 PTG 与平面 α、平面 E 的交线顺次为 SG 与 TP'，因此 $SG \parallel TP'$. 而 S 为 PT 的中点，故 G 为 PP' 的中点.

再在平面 E 上任取两点 A', B'. 联结 AA', BB'，并分别取 L, M, D' 依次为 $AA', BB', A'B'$ 的中点，则 DD', LM 相互平分于 H.

联结 $D'P'$，并延长至 C'，使 $D'C' = 3D'P'$. 联结 CC'，取 CC' 的中点 N. 那么，G 必是 $\triangle LMN$ 的重心.

事实上，取 $C'P'$ 的中点 Q'，取 QQ' 的中点 K，联结 NG 与 KH，则在空间四边形 $CC'P'P$ 中，NG 与 QQ' 相互平分，故 NG 过 QQ' 的中点 K，即 N, K, G 三点共线，且 $NK = KG$. 同理，在空间四边形 $QQ'D'D$ 中，KH 与 PP' 相互平分，故 KH 过 PP' 之中点 G，即 K, G, H 三点共线，且 $KG = GH$. 由此可知，N, K, G, H 四点共线，且 $NK = KG = GH$. 故 G 为 $\triangle LMN$ 的重心.

综上所述，平面 α 确为点 G 的轨迹.

解法 3 由于 A', B', C' 是平面 E 上的动点. 对应的 AA', BB', CC' 的中点 L, M, N 也依一定规律而运动. 为此，我们先研究 L, M 和 N 的轨迹.

事实上，类似于上面解法 1 中所说，通过点 P 作 PT 垂直平面 E 于点 T，从而找到平面 α，不难判定：

过 A 作直线 $AT_a \perp$ 平面 E 于点 T_a，过 AT_a 的中点 L_1 作平面 $X \parallel$ 平面 E，则平面 X 即为点 L 的轨迹；

过 B 作直线 $BT_b \perp$ 平面 E 于点 T_b，过 AT_b 的中点 M_1 作平面 $Y \parallel$ 平面 E，则平面 Y 即为点 M 的轨迹；

过 C 作直线 $CT_c \perp$ 平面 E 于点 T_c，过 CT_c 的中点 N_1 作平面 $Z \parallel$ 平面 E，则平面 Z 即为点 N 的轨迹.

类似地，还可以进一步判断. 线段 LM 的中点 H 的轨迹是：平面 X 与平面 Y 的中平行面 W，如图 3.26 所示.

注意到，不论点 H, N 分别在平面 W 和 Z 上的位置如何，点 G 恒满足条件

$$\frac{HG}{GN} = \frac{1}{2}$$

因此，G 必在到平面 W 的距离与到平面 Z 的距离之比 $\dfrac{H_w G_\alpha}{G_\alpha N_z} = \dfrac{1}{2}$ 的平面 α 上. 显然，平面 $\alpha \parallel$ 平面 $W \parallel$ 平面 Z.

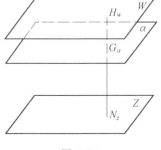

图 3.26

下面我们证明：平面 α 上任意一点 G 满足题设条件.

如图 3.27 所示，在平面 Z 上任取一点 N，联结 NG 与平面 W 交于点 H，则 $\dfrac{HG}{GN} = \dfrac{1}{2}$.

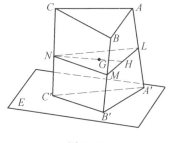

图 3.27

过 H 任意引直线与平面 X 及平面 Y 分别交于 L 及 M. 由于平面 W 是平面 X 和平面 Y 的中平行面,则必有
$$LH = HM$$
由此,NH 为 $\triangle LMN$ 的中线,G 为 $\triangle LMN$ 的重心.

又分别联结 AL,BM,CN 并延长之与平面 E 顺次交于点 A', B',C',据解法 1 的证明,易知 L,M,N 分别为 AA',BB',CC' 的中点. 因此,G 合于题设条件,亦即平面 α 为所求轨迹.

第 3 届国际数学奥林匹克英文原题

The third IMO held was from July 18th to July 25th 1961 in the cities of Budapest and Veszprem.

❶ Let a, b be real numbers. Solve in real numbers the system of algebraic equations
$$x + y + z = a$$
$$x^2 + y^2 + z^2 = b^2$$
$$xy - z^2 = 0$$
Find conditions for a and b such that the system has positive distinct solutions.

(Hungary)

❷ Show that in any triangle ABC the following inequality holds
$$a^2 + b^2 + c^2 \geq 4\sqrt{3}\, T$$
When does the equality occur?

(Poland)

❸ Let n be a positive integer. Solve the equation
$$\cos^n x - \sin^n x = 1$$

(Bulgaria)

❹ Let $P_1 P_2 P_3$ be a triangle and P be an interior point. Let Q_1, Q_2, Q_3 be the intersection points of the lines $P_1 P$, $P_2 P$, $P_3 P$ with the opposite sides $P_2 P_3$, $P_3 P_1$, $P_1 P_2$, respectively. Show that among the three ratios
$$\frac{P_1 P}{P Q_1},\ \frac{P_2 P}{P Q_2},\ \frac{P_3 P}{P Q_3}$$
there exists one greater than or equal to 2 and there exists one less than or equal to 2.

(East Germany)

❺ Find by using a line and the compasses the triangle ABC for which the following elements are given: $AC = b$,

(Czechoslovakia)

$AB = c$ and $\angle AMB = \omega, \omega < \dfrac{\pi}{2}$, where M is the midpoint of the segment BC. Show that the problem can be solved if and only if
$$b\tan\dfrac{\omega}{2} \leqslant c < b$$
When does the equality occur?

❻ Let E be a plane and A, B, C be noncollinear points on the same side of the plane E. The plane which contains the points A, B, C is not parallel to the plane E. Let A', B', C' be arbitrary points in the plane E and L, M, N be the midpoints of the segments AA', BB' and CC', respectively. Suppose that L, M, N define a triangle and let G be its barycenter. Find the locus of the point G when A', B', C' are variable points in the plane E such that the triangle LMN exists.

(Romania)

第 3 届国际数学奥林匹克各国成绩表

1961,匈牙利

名次	国家或地区	分数（满分320）	金牌	奖牌 银牌	铜牌	参赛队人数
1.	匈牙利	270	2	3	1	8
2.	波兰	203	1	—	—	8
3.	罗马尼亚	197	—	1	1	8
4.	捷克斯洛伐克	159	—	—	1	8
5.	德意志民主共和国	146	—	—	1	8
6.	保加利亚	108	—	—	—	8

第四编
第 4 届国际数学奥林匹克

第4届国际数学奥林匹克题解

捷克斯洛伐克,1962

1 求具有下列性质的最小自然数 n：
(1) 它用十进制表示时,末位数字为 6.
(2) 如果把数字 6 移到第一位之前,所得的数是 n 的 4 倍.

波兰命题

解法 1 设 n 是 $m+1$ 位数并设删去末位数字 6 后余下的数为 x，则依题意得

$$4(10x+6) = 6 \cdot 10^m + x$$

即

$$39x = 6 \cdot 10^m - 24$$

所以

$$x = \frac{2(10^m - 4)}{13}$$

可知 $10^m - 4$ 是 13 的倍数.

设 $10^m - 4 = \underbrace{99\cdots96}_{m-1\text{个}}$，试以 13 除此数，每次的余数在数尾补上 6，看看可否被 13 整除.

```
        7 6 9 2
    ┌─────────────
 13 │ 9 9 9 9 ⋯ 6
      9 1
      ─────
        8 9 ·········· 第一次的余数 8 补上
        7 8              9 得 89, 不能被 13 整除
        ─────
        1 1 9 ········ 第二次的余数 11 补上
        1 1 7            9, 得 119, 不能被 13 整除
        ─────
            2 6 ······ 第三次的余数 2 补上 6
            2 6          得 26, 可被 13 整除
```

故

$$10^m - 4 = 99\,996,\ (10^m - 4) \div 13 = 7\,692 \Rightarrow$$
$$x = 2 \times 7\,692 = 15\,384 \Rightarrow n = 153\,846$$

解法 2 自解法 1 知 $10^m - 4$ 是 13 的倍数，应用同余式表示得

$$10^m \equiv 4 \pmod{13}$$

以 10 乘上式两边得

$$10^{m+1} \equiv 40 \pmod{13} \equiv 1 \pmod{13}$$

由初等数论定理知若 t 是使 $10^t \equiv 1(\bmod 13)$ 成立的最小正整数,则 t 是 $\varphi(13)=12$ 的约数,试除后知 $t=6$,从而知 $m=5$,所以
$$n = 10 \times \frac{2(10^5-4)}{13} + 6 = 153\,846$$

解法 3 设 $n = \overline{a_k a_{k-1} \cdots a_2 6}$ 满足条件(1),(2),则
$$m = 4n = \overline{6 a_k a_{k-1} \cdots a_2}$$

因为 n 的最末一位数字是 6,所以 $m=4n$ 的末位数字是 4,即 $a_2=4$. 将 $a_2=4$ 代入 n 并乘以 4,可求得 $a_3=8$,再将 $a_2=4, a_3=8$ 代入 n 并乘以 4,可求得 $a_4=3$,如此继续下去直至 $m=4n$ 第一次出现某一位上的数字为 6 为止,求得 $a_5=5, a_6=1$,得 $n=153\,846$ 即为满足条件(1),(2) 的最小自然数.

> **❷** 求出所有满足不等式
> $$\sqrt{3-x} - \sqrt{x+1} > \frac{1}{2}$$
> 的实数 x.

匈牙利命题

解法 1 用 $f(x)$ 表示 $\sqrt{3-x}-\sqrt{x+1}$,因 $f(x)$ 是实数,故 $-1 \leqslant x \leqslant 3$,在区间 $[-1,3]$ 内,$f(x)$ 值自 $f(-1)=2$ 连续递减至 $f(3)=-2$,故在这区间内必存在唯一的实数 r 使 $f(r)=\frac{1}{2}$,只要求出 r,则所有在这区间内小于 r 的实数皆能满足原不等式.

现在我们考虑根式方程
$$\sqrt{3-r} - \sqrt{r+1} = \frac{1}{2}$$

两边平方后移项得
$$\sqrt{(3-r)(r+1)} = \frac{15}{8}$$

两边再平方、化简,得到如下关于 r 的二次方程
$$r^2 - 2r + \frac{33}{64} = 0$$

解之得
$$r = 1 \pm \sqrt{31}/8$$

因 $f(1)=0$,故 $r<1$,可知 $1+\sqrt{31}/8$ 是由平方运算所导进的伪根,故
$$r = 1 - \sqrt{31}/8$$
所以
$$-1 \leqslant x < 1 - \sqrt{31}/8$$

解法 2 设 x 是这不等式的任一实数解. 首先,将原不等式变

形为
$$\sqrt{3-x} > \frac{1}{2} + \sqrt{x+1}$$

因为不等式的两边均为正,我们将它两边平方,并进一步化简得到
$$\frac{7}{4} - 2x > \sqrt{x+1}$$

再次平方、整理,最后得到的不等式为
$$64x^2 - 128x + 33 > 0$$

即
$$(8x - 8 + \sqrt{31})(8x - 8 - \sqrt{31}) > 0$$

因此,得到两个可能的解集,即
$$x < 1 - \frac{1}{8}\sqrt{31} \qquad ①$$

或
$$x > 1 + \frac{1}{8}\sqrt{31} \qquad ②$$

现在我们进行验根.

由不等式 ①,得
$$3 - x > 2 + \frac{1}{8}\sqrt{31} > 0$$

和
$$x + 1 < 2 - \frac{1}{8}\sqrt{31} \qquad ③$$

要使 $\sqrt{x+1}$ 是实数,必须满足条件 $x + 1 \geqslant 0$,从而得 $x \geqslant -1$. 因此,变数 x 必须满足不等式
$$-1 \leqslant x \leqslant 1 - \frac{1}{8}\sqrt{31} \qquad ④$$

容易通过取平方来验证下面等式的正确性,即
$$\sqrt{2 + \frac{1}{8}\sqrt{31}} - \sqrt{2 - \frac{1}{8}\sqrt{31}} = \frac{1}{2} \qquad ⑤$$

于是,由不等式 ③,得
$$\sqrt{3-x} - \sqrt{x+1} > \sqrt{2 + \frac{1}{8}\sqrt{31}} - \sqrt{2 - \frac{1}{8}\sqrt{31}}$$

从而根据 ⑤ 可知原不等式成立,即
$$\sqrt{3-x} - \sqrt{x+1} > \frac{1}{2}$$

由不等式 ② 得
$$\sqrt{3-x} < \sqrt{2 - \frac{1}{8}\sqrt{31}}$$

和
$$\sqrt{x+1} + \frac{1}{2} > \frac{1}{2} + \sqrt{2 + \frac{1}{8}\sqrt{31}}$$

此时,如果原不等式成立,则应有
$$\sqrt{3-x} > \sqrt{x+1} + \frac{1}{2}$$
从而有 $\sqrt{2 - \frac{1}{8}\sqrt{31}} > \frac{1}{2} + \sqrt{2 + \frac{1}{8}\sqrt{31}}$

这显然与方程 ⑤ 矛盾,故 ③ 不是原不等式的解.

因此,已知不等式的所有解由不等式 ④ 表示.

❸ 设有立方体 $ABCDA'B'C'D'$($ABCD$ 和 $A'B'C'D'$ 是相对的平面,其中 $AA' \parallel BB' \parallel CC' \parallel DD'$),点 P 以匀速在 $\square ABCD$ 的周界上沿 $ABCDA$ 的次序运动.点 Q 以同样的匀速在 $\square B'C'CB$ 的周界上沿 $B'C'CBB'$ 的次序运动. P,Q 分别从 A,B' 同时出发,求 PQ 线段中点 R 的轨迹.

捷克斯洛伐克命题

解法 1 如图 4.1 所示,取 D' 为三维直角坐标系的原点,$D'A', D'C', D'D$ 为 x 轴、y 轴、z 轴的正向射线上的线段,我们不妨设立方体的边长为 1,$P(x_1, y_1, z_1), Q(x_2, y_2, z_2)$ 二动点运动的速度亦为 1,则 PQ 中点 R 的坐标为

$$R\left(\frac{x_1+x_2}{2}, \frac{y_1+y_2}{2}, \frac{z_1+z_2}{2}\right)$$

在时间间隔 $i \leqslant t \leqslant i+1 (i=0,1,2,3)$ 内,点 P,Q,R 的坐标如下表所示(依照1960年竞赛题5的方法求得).

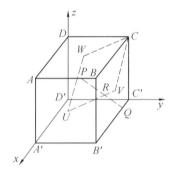

图 4.1

	$0 \leqslant t \leqslant 1$	$1 \leqslant t \leqslant 2$	$2 \leqslant t \leqslant 3$	$3 \leqslant t \leqslant 4$
P	$(1,t,1)$	$(2-t,1,1)$	$(0,3-t,1)$	$(t-3,0,1)$
Q	$(1-t,1,0)$	$(0,1,t-1)$	$(t-2,1,1)$	$(1,1,4-t)$
R	$\left(\frac{2-t}{2}, \frac{t+1}{2}, \frac{1}{2}\right)$	$\left(\frac{2-t}{2}, 1, \frac{t}{2}\right)$	$\left(\frac{t-2}{2}, \frac{4-t}{2}, 1\right)$	$\left(\frac{t-2}{2}, \frac{1}{2}, \frac{5-t}{2}\right)$

自上表知当 $t:0 \to 1$ 时,点 R 自 AB' 的中点 U 移动至 BC' 的中点 V,它的途径是立方体内的线段 UV;当 $t:1 \to 2$ 时,点 R 自 V 移动至顶点 C;当 $t:2 \to 3$ 时,它自点 C 移动至 AC 的中点 W;当 $t:3 \to 4$ 时,它自 W 移动回到运动的起点 U,这三段的途径是立方体内的线段 VC, CW, WU.

显而易见,$VU \parallel CW, VC \parallel WU$,因点 R 亦是以匀速进行,它在单位时间内所经的途径等长,故 $UVCW$ 是边长为 $B'C$ 之半 ($\sqrt{2}/2$) 的菱形.

因点 R 的 x,y,z 的坐标和等于 2,故所求的轨迹是平面

$x+y+z=2$ 上边长等于 $\sqrt{2}/2$ 的菱形.

解法 2 如图 4.2 所示,A_0,B_0,C_0,D_0 分别是棱 AA',BB',CC',DD' 的中点,平面 $A_0B_0C_0D_0$ 记为 α. 设 Z_1,Z_2 分别是 A_0B_0 和 B_0C_0 的中点.

ⅰ 如果点 X 沿 AB 移动,则点 Y 以相同速度沿 $B'C'$ 移动,XY 的中点 Z 在平面 α 上(根据平行截割定理). 若 X 在平面 α 上射影为 X',Y 在平面 α 上射影为 Y',则点 Z 也是 $X'Y'$ 的中点. 在此情况下,中点 Z 的轨迹显然是 Z_1Z_2.

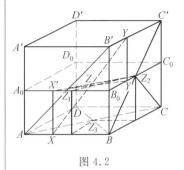

图 4.2

ⅱ 如果点 X 在 BC 上移动,点 Y 在 $C'C$ 上移动,则所有直线 XY 都与对角线 BC' 平行,点 Z 的轨迹显然是 Z_2C.

ⅲ 如果点 X 在 CD 上移动,点 Y 在 CB 上移动,则所有直线 XY 都与对角线 BD 平行,点 Z 的轨迹是 CZ_3,其中 Z_3 是正方形 $ABCD$ 的中心,即对角线 BD 的中点.

ⅳ 如果点 X 沿 DA 移动,则点 Y 沿 BB' 移动,则与 ⅰ 相似;点 Z 的轨迹是 Z_3Z_1,这只要适当地变换正方体棱的符号就能证明这一点.

易见,$Z_1Z_2 = Z_2C = CZ_3 = Z_3Z_1$(都等于立方体各面对角线的一半),且 $Z_1Z_2 \parallel CZ_3$.

XY 的中点 Z 的轨迹是由 Z_1Z_2,Z_2C,CZ_3,Z_3Z_1 为边围成的一个四边形 —— 菱形.

解法 3 如图 4.3 所示,设 E,F,G 顺次为正方形 $A'B'BA$,$B'C'CB$,$ABCD$ 的中心,则菱形 $EFCG$ 的周界即为动线段 XY 的中点 Z 的轨迹. 现在证明如下.

必要性 如果点 Z 是动线段 XY 的中点,则可以区别为以下两种情况.

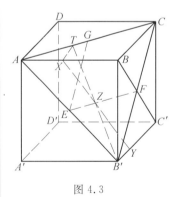

图 4.3

ⅰ X,Y 分别在某一个定角的两边上,不失其一般性,设 X 从 B 到 C,而 Y 同时由 C' 到 C,由于 X,Y 的速度相等,故其中点 Z 是一簇平行于 BC' 的线段的中点,显然它必在 CF 上.

ⅱ X,Y 分别在两条异面直线上,不失其一般性,设 X 从 A 到 B,而 Y 同时由 B' 到 C',由于 X,Y 的速度相等,则 $AX = B'Y$.

若 Z 为 XY 的中点,联结 $B'Z$ 并延长与上底面 AC 相交于点 T,联结 XT,则平面 XY 与平面 AC 的交线是 XT. 因 $B'C' \parallel$ 平面 AC,则 $B'C' \parallel XT$. 于是 $\triangle ZB'Y \cong \triangle ZTX$,而 $XT = B'Y = AX$. 又 $XT \parallel BC$,则 $\triangle AXT$ 为等腰直角三角形,$\angle TAX = \dfrac{\pi}{4}$,即 T 在 AC 上.

此时就 $\triangle B'CT$ 看,根据三角形中位线的性质,不难证明:

$FZ \parallel CT, EZ \parallel CA, FE \parallel CA$. 基于平行的唯一性,显然 Z 在 EF 上.

综合 i, ii 可知,动线段 XY 之中点必在菱形 $EFCG$ 的周界上.

充分性 若点 Z 在菱形 $EFCG$ 的周界上,同样可以分为下述两种情况.

i 即 Z 在 CF 或 CG 上,过 Z 作 $XY \parallel BC'$(或 BD),而与 BC 及 CC'(或 CD 及 BC)分别相交于 X 及 Y. 根据相似形的有关性质,不难证明:Z 为 XY 的中点,且 $BX = C'Y$(或 $CX = CY$). 因此,合于所设条件.

ii 即 Z 在 EF 或 EG 上,不失其一般性,设 Z 在 EF 上,联结 $B'Z$ 延长之,与平面 AC 交于 T,显然 T 在 AC 上,过 T 作 $TX \parallel CB$,交 AB 于 X,则 $TX \parallel C'B'$(平行的传递性).

在平面 $TXB'C'$ 上,联结 XZ,延长后交 $B'C'$ 于点 Y. 此时,在 $\triangle B'CA$ 中,由于 F 是 $B'C$ 的中点,而 $EF \parallel AC$,则 Z 为 $B'T$ 的中点. 由此可知 $\triangle ZTX \cong \triangle ZB'Y$,从而得 $TX \underline{\parallel} B'Y$,且 Z 为 XY 之中点. 又 $TX \parallel BC$,则 $\angle XTA = \angle TAX = \dfrac{\pi}{4}$. 因此有 $TX = AX$,即 $AX = BY$,亦合于所设条件.

综合上述可知,如果 Z 是菱形 $EFCG$ 的周界上任一点,则点 Z 必然是符合条件的动线段 XY 的中点. 从而命题得证.

❹ 解方程

$$\cos^2 x + \cos^2 2x + \cos^2 3x = 1 \qquad ①$$

罗马尼亚命题

解法 1 因

$$\cos^2 3x = \frac{1}{2}(1 + \cos 6x), \cos^2 x = \frac{1}{2}(1 + \cos 2x)$$

代入 ① 得

$$2\cos^2 2x + \cos 6x + \cos 2x = 0 \qquad ②$$

又因 $\cos 6x + \cos 2x = 2\cos 4x \cdot \cos 2x$

故 ② 可改写成

$$\cos 2x(\cos 2x + \cos 4x) = 0$$

i 若 $\cos 2x = 0$,则 $x = \dfrac{1}{4}(2k+1)\pi$,$k$ 是整数.

ii 若 $\cos 2x + \cos 4x = 0$,则

$$\cos 4x = -\cos 2x = \cos(\pi - 2x)$$

$$4x = 2k\pi \pm (\pi - 2x)$$

所以 $x = \dfrac{1}{2}(2k+1)\pi$ 或 $\dfrac{1}{6}(2k+1)\pi$,k 是整数.

解法 2 复数 $z=a+b\mathrm{i}$ 可用如下的三角形式表示,即
$$z=r(\cos\theta+\mathrm{i}\cdot\sin\theta)$$
其中,$r=\sqrt{a^2+b^2}$,$\tan\theta=b/a$.

由棣美弗(de Moivre)公式知若 $r=1$,则
$$z^n=\cos n\theta+\mathrm{i}\cdot\sin n\theta,\ z^{-n}=\cos n\theta-\mathrm{i}\cdot\sin n\theta$$
所以
$$\cos n\theta=\frac{1}{2}(z^n+z^{-n}),\ \sin n\theta=\frac{1}{2\mathrm{i}}(z^n-z^{-n}) \qquad ③$$

以 θ 代替原方程的未知角 x 得
$$\cos^2\theta+\cos^2 2\theta+\cos^2 3\theta=1 \qquad ④$$

应用 ③ 化 ④ 为如下关于 z 的方程,即
$$(z+z^{-1})^2+(z^2+z^{-2})^2+(z^3+z^{-3})^2=4$$
即 $(z^2+2+z^{-2})+(z^4+2+z^{-4})+(z^6+2+z^{-6})=4$
亦即
$$z^{-6}+z^{-4}+z^{-2}+1+z^2+z^4+z^6=-1 \qquad ⑤$$

⑤ 的左边是几何级数,其公比为 z^2,$z^2\neq 1$,因在这种情形下,θ 是 π 的倍数,④ 不能成立,于是 ⑤ 左边求和得
$$\frac{z^{-6}-z^8}{1-z^2}=-1$$
去分母并以 z^{-1} 乘两边得
$$z^7-z^{-7}=-(z-z^{-1})$$
应用 ③ 得 $\sin 7\theta=-\sin\theta=\sin(-\theta)$
所以 $7\theta=n\pi+(-1)^n(-\theta)$

ⅰ 若 $n=2k$,则 $8\theta=2k\pi$,所以 $\theta=k\pi/4$,k 是不能被 4 整除的整数.

ⅱ 若 $n=2k+1$,则 $6\theta=(2k+1)\pi$,所以 $\theta=\frac{1}{6}(2k+1)\pi$,$k$ 是整数.

注 解法 2 的解 $\theta=k\pi/4$(k 是不能被 4 整除的整数),相当于解法 1 的解 $x=\frac{1}{4}(2k+1)\pi$ 及 $x=\frac{1}{2}(2k+1)\pi$,k 是任意整数.

解法 3 应用下列公式
$$2\cos^2 x=1+\cos 2x,\ 2\cos^2 2x=1+\cos 4x$$
通过代换和化简,由已知方程
$$\cos^2 x+\cos^2 2x+\cos^2 3x=1$$
得到

$$\cos 2x + \cos 4x + 2\cos^2 3x = 0 \qquad ⑥$$

将 ⑥ 的左边前两项化积,得

$$2\cos 3x \cdot \cos x + 2\cos^2 3x = 0$$

即

$$2\cos 3x(\cos x + \cos 3x) = 0$$

用和差化积的方法对 $\cos x + \cos 3x$ 变形,又得到

$$4\cos x \cdot \cos 2x \cdot \cos 3x = 0 \qquad ⑦$$

方程 ⑦ 的解为

$$x_1 = \pm 90° + k \cdot 360°$$
$$2x_2 = \pm 90° + k \cdot 360°$$
$$3x_3 = \pm 90° + k \cdot 360°$$

即

$$x_1 = \pm 90° + k \cdot 360°$$
$$x_2 = \pm 45° + k \cdot 180°$$
$$x_3 = \pm 30° + k \cdot 120°$$

其中,k 为整数.

经过验算,所有这些解都满足原方程(至于原方程无他解,则是显然的).

解法 4
$$\cos^2 x + \cos^2 2x - \sin^2 3x = 0$$
$$\cos^2 2x + (\cos x + \sin 3x)(\cos x - \sin 3x) = 0$$
$$\cos^2 2x + (\sin(\frac{\pi}{2} + x) + \sin 3x)(\sin(\frac{\pi}{2} + x) - \sin 3x) = 0$$
$$\cos^2 2x + 2\sin(\frac{\pi}{4} + 2x) \cdot \cos(\frac{\pi}{4} - x) \cdot$$
$$2\sin(\frac{\pi}{4} + 2x) \cdot \cos(\frac{\pi}{4} - x) = 0$$
$$\cos^2 2x + \sin(\frac{\pi}{2} + 4x) \cdot \sin(\frac{\pi}{2} - 2x) = 0$$
$$\cos 2x(\cos 2x + \cos 4x) = 0$$

从而得到与 ⑦ 一致的方程

$$2\cos 2x \cdot \cos x \cdot \cos 3x = 0$$

❺ 给出圆周 K 上三个不同的点 A,B,C. 试在该圆周上另求一点 D 使四边形 $ABCD$ 可以有一个内切圆.

保加利亚命题

解法 1 如图 4.5 所示,设 $\angle ABC < 90°$. 以 AC 为一边,C 为顶点,作角使 $\angle ACX = \angle ABC$. 自 A 作 AC 的垂线,交 CX 于 F. 以 CF 的中点 M 为圆心,MC 为半径作弧,交 $\angle ABC$ 的平分线于 E. 联结 AE,并以 AE 为一边,A 为顶点作 $\angle EAY = \angle BAE$,则 AY 和

分析 设 $ABCD$ 是所求的四边形,则它的内切圆的圆心必定在 $\angle ABC$,$\angle BCD$ 及 $\angle BAD$ 的平分线

圆 K 的交点即是点 D.

若 $\angle ABC > 90°$, 则 $\overset{\frown}{AEC}$ 和点 B 在 AC 的异侧, 作法类似. 略.

若 $\angle ABC = 90°$, 则 AC 是圆 K 的直径. 在圆周上取关于 AC 的 B 的对称点, 即是点 D.

我们只证当 $\angle ABC < 90°$ 的情形.

四边形 $AECF$ 内接于以 M 为圆心的圆, 故
$$\angle AEC = 180° - \angle AFC = 180° - (90° - \angle ACF) =$$
$$90° + \angle ACF = 90° + \angle ABC$$

弧 $\overset{\frown}{AC}$ 和 $\angle ABC$ 的平分线的交点 E 和 AB, BC, AY 等距离. 若 AY 交圆周 K 于 D, 因
$$\angle BCE = 90° - \angle BAE = 90° - \frac{1}{2}\angle BAD$$

故 EC 平分 $\angle BCD$, 即 E 是四边形 $ABCD$ 内切圆的圆心. 故 D 是所求的 K 上的适合所给条件的点.

注 我们不难证明点 D 必定存在, 虽然本题没有这样要求.

凸四边形 $ABCP$ 可以有一个内切圆的充要条件是
$$AB + PC = BC + AD \qquad ①$$

今若在圆周 K 上给定 A, B, C 三点, 而点 P 则沿弧 $\overset{\frown}{AC}$ 自点 A 移动至点 C. 当 $P = A$ 时, ① 的左边较大, 而当 $P = C$ 时, 则 ① 的左边较小. 故当 P 连续移动时, ① 的左边连续地由大变小, 故在 $\overset{\frown}{AC}$ 之间必有一点 $P = D$ 使得等式 ① 成立.

解法 2 四边形 $ABCD$ 存在内切圆的充分必要条件是
$$AD + BC = AB + CD \qquad ②$$

下面分三种可能情况来讨论.

ⅰ 如图 4.6 所示, 如果 $AB = BC$, 则由 ② 可知 $AD = CD$, 即点 D 在 AC 的垂直平分线上, 即在过点 B 的一条直径上. 所以只要过点 B 作圆 K 的直径, 直径的另一个端点就是所求作的点 D.

ⅱ 如图 4.7 所示, 如果 $AB < BC$, 式 ② 可写为
$$BC - AB = CD - AD$$

假定符合要求的点 D 已作出, 在 DC 上截取 $DE = AD$, 则有
$$CE = CD - DE = CD - AD = BC - AB$$

即点 E 在以 C 为圆心, $BC - AB$ 为半径的圆周 K_1 上.

另一方面, A, B, C, D 在同一圆周 K 上, 必须且只需
$$\angle ADC + \angle ABC = 180°$$

BE, CE 及 AE 上, 如图 4.4 所示. 因 $\angle BCD$ 和 $\angle BAD$ 互为补角
$$\angle BCE + \angle BAE = 90°$$

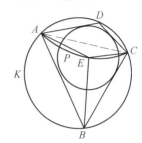

图 4.4

所以
$$\angle AEC = \angle BCE + \angle CBE +$$
$$\angle BAE + \angle ABE =$$
$$90° + \angle ABC$$

作弧 $\overset{\frown}{APC}$ 使弓形 APC 所含的角为 $90° + \angle ABC$. 这弧和 $\angle ABC$ 的平分线的交点, 即是内切圆的圆心 E. 从而点 D 可以作出.

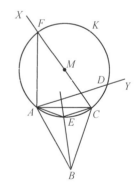

图 4.5

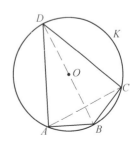

图 4.6

所以
$$\angle AEC = 180° - \angle AED = 180° - (90° - \frac{1}{2}\angle ADC) =$$
$$90° + \frac{1}{2}\angle ADC = 90° + \frac{1}{2}(180° - \angle ABC) =$$
$$180° - \frac{1}{2}\angle ABC$$

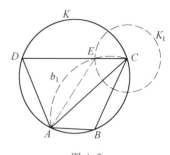

图 4.7

即点 E 在线段 AC 上圆周角等于 $180° - \frac{1}{2}\angle ABC$ 的弓形弧 b_1 上（弓形弧 b_1 与点 B 分布在 AC 的两侧）.

据此可得作法：以 C 为圆心，$BC - AB$ 为半径作圆 K_1；在线段 AC 上作圆周角等于 $180° - \frac{1}{2}\angle ABC$ 的弓形弧 b_1；设圆 K_1 与弓形弧 b_1 相交于点 E，联结 CE 并延长与圆周 K 的交点即为所求作的点 D.

ⅲ 如果 $AB > BC$，可仿照 ⅱ 作出.

解法 3 若点 D 已求出，由于四边形 $ABCD$ 有内切圆，则
$$AB + CD = AD + BC \qquad ③$$

为方便计，联结 AC，取圆 K 之半径为 R，$\angle ABC = \beta$，$\angle ACB = \alpha$，$\angle BAC = \gamma$，以上均为定值，并且不妨约定 $\alpha \geqslant \gamma$. 又联结 BD，如图 4.8 所示，设 $\angle ABD = x$，则 $\angle DBC = \beta - x$.

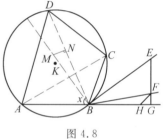

图 4.8

于是，由 ③ 得
$$2R(\sin\alpha + \sin(\beta - x)) = 2R(\sin\gamma + \sin x)$$
$$\sin x - \sin(\beta - x) = \sin\alpha - \sin\gamma$$
$$2\cos\frac{\beta}{2} \cdot \sin\frac{2x-\beta}{2} = 2\cos\frac{\alpha+\gamma}{2} \cdot \sin\frac{\alpha-\gamma}{2}$$
$$\sin\frac{2x-\beta}{2} = \frac{\cos\frac{\alpha+\gamma}{2} \cdot \sin\frac{\alpha-\gamma}{2}}{\cos\frac{\beta}{2}} \qquad ④$$

注意到 $ABCD$ 内接于圆 K，$\beta + (\alpha + \gamma) = \pi$，故有
$$\frac{\beta}{2} = \frac{\pi}{2} - \frac{\alpha+\gamma}{2}, \cos\frac{\beta}{2} = \sin\frac{\alpha+\gamma}{2}$$

因而由 ④ 得
$$\sin(x - \frac{\beta}{2}) = \cot\frac{\alpha+\gamma}{2} \cdot \sin\frac{\alpha-\gamma}{2} \qquad ⑤$$

其中，$\cot\frac{\alpha+\gamma}{2}$，$\sin\frac{\alpha-\gamma}{2}$ 均为已知角的三角函数值，所以 $\sin(x - \frac{\beta}{2})$ 可以作出.

作法

1) 作 $\angle ABC$ 的外角 $\angle CBG$ 的平分线 BE，又在 $\angle EBG$ 的内

部作 $\angle EBF = \angle CAB = \gamma$;

2) 过 BE 上任一点 E 作 $EF \perp BG$ 于 G,且与 BF 相交于 F,又过 F 作 $FH \parallel EB$ 与 BG 相交于 H;

3) 作 $\angle ABC$ 的平分线 BM,取 $BM = BF$,又在 $\angle CBM$ 的内部作 $\mathrm{Rt}\triangle BMN$,使 $\angle MNB = \dfrac{\pi}{2}, MN = HG$;

4) 延长 BN 与圆 K 交于 D,分别联结 CD 与 AD,则 $ABCD$ 即为所求的四边形,如图 4.8 所示.

现在对作图进行证明.

(1) 由作法知
$$\angle EBG = \frac{1}{2}\angle CBG = \frac{1}{2}(\alpha + \gamma)$$
$$\angle FBG = \frac{1}{2}(\alpha + \gamma) - \gamma = \frac{1}{2}(\alpha - \gamma)$$

于是 $\quad \cot\dfrac{\alpha+\gamma}{2} = \dfrac{BG}{EG}, \sin\dfrac{\alpha-\gamma}{2} = \dfrac{FG}{BF}$

(2) 在 $\mathrm{Rt}\triangle BGE$ 中,显然有 $\dfrac{FG}{EG} = \dfrac{HG}{BG}$(平行截割定理),故 $HG = \dfrac{FG \cdot BG}{EG}$. 于是,由 ⑤ 得

$$\sin\left(x - \frac{\beta}{2}\right) = \cot\frac{\alpha+\gamma}{2} \cdot \sin\frac{\alpha-\gamma}{2} =$$

$$\frac{BG}{EG} \cdot \frac{FG}{BF} = \frac{\dfrac{BG \cdot FG}{EG}}{BF} = \frac{HG}{BF}$$

(3) 在 $\mathrm{Rt}\triangle BMN$ 中
$$\sin\angle MBN = \frac{MN}{BM} = \frac{HG}{BF} = \sin\left(x - \frac{\beta}{2}\right)$$

则 $\qquad \angle MBN = x - \dfrac{\beta}{2}$

从而 $\quad \angle ABN = \left(x - \dfrac{\beta}{2}\right) + \dfrac{\beta}{2} = x, \angle DBC = \beta - x$

(4) 注意到由 ③ 推得 ④,又由 ④ 导出 ⑤,在这些三角函数式的恒等变形中的每一步都是可逆的,因此不难推出
$$2R(\sin\alpha + \sin(\beta - x)) = 2R(\sin\gamma + \sin x)$$
$$2R \cdot \sin\alpha + 2R \cdot \sin\angle DBC = 2R \cdot \sin\gamma + 2R \cdot \sin\angle ABD$$

这样,$AB + CD = AC + BD$,即四边形 $ABCD$ 有内切圆;又已知点 D 在圆 K 上,所以四边形 $ABCD$ 合于所设条件.

下面转至对作图的讨论.

因为 $\dfrac{BG}{BF} < 1, \dfrac{FG}{EG} < 1$,所以

$$\sin\left(x-\frac{\beta}{2}\right)=\frac{BG}{EG}\cdot\frac{FG}{BF}=\frac{BG}{BF}\cdot\frac{FG}{EG}<1$$

因此 $x-\dfrac{\beta}{2}$ 是唯一存在的,故本题恒有一解.

> **❻** 已知一个等腰三角形,其外接圆的半径为 r,内切圆的半径为 R.求证:外接圆和内切圆的圆心距离为
> $$d=\sqrt{r(r-2R)}$$

民主德国命题

证法 1 设所给的等腰三角形腰长为 S,O 为外接圆圆心,I 为内切圆圆心,顶角 $\angle BAC=\alpha$. 我们把问题分为如下三种情况.

ⅰ 设顶角 $\alpha\leqslant 60°$,如图 4.9 所示.

在 $\triangle ABI$ 中,$\angle BAI=\dfrac{\alpha}{2}$,$\angle ABI=\dfrac{\beta}{2}$($\beta$ 为底角),所以
$$\angle BIM=\frac{\alpha+\beta}{2}$$

又 $\angle MBC=\dfrac{\alpha}{2}$,故
$$\angle MBI=\frac{\alpha+\beta}{2}$$

可知 $\triangle MBI$ 是等腰三角形. 所以
$$MB=IM=r-d$$

若 T 是内切圆在 AB 边上的切点,则 $\text{Rt}\triangle ATI\backsim\text{Rt}\triangle ABM$,有
$$IT:BM=AI:AM\Rightarrow\frac{R}{r-d}=\frac{r+d}{2r}\Rightarrow$$
$$r^2-d^2=2rR\Rightarrow d=\sqrt{r(r-2R)}$$

若 $\alpha=60°$,则 O 和 I 重合. 这时 $r=2R$,$d=0$. 故
$$d=\sqrt{r(r-2R)}$$
仍能成立.

ⅱ 设顶角 $60°<\alpha\leqslant 90°$,如图 4.10 所示.

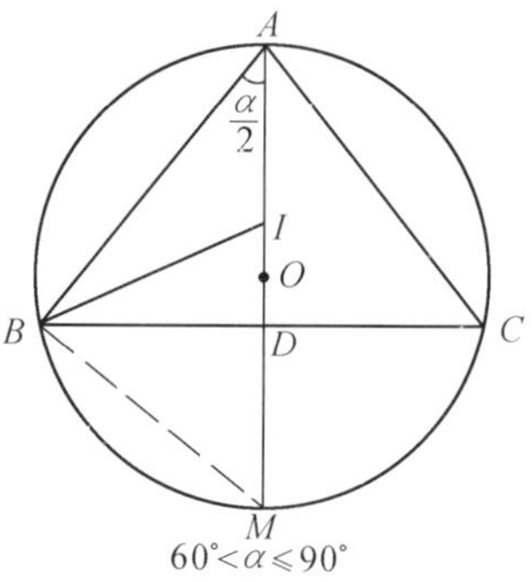

在这种情形下有
$$\angle BIM=\frac{\alpha+\beta}{2}$$
$$\angle IBM=\frac{\beta}{2}+\angle CBM=\frac{\beta}{2}+\angle CAM=\frac{\alpha+\beta}{2}$$

故 $\triangle MBI$ 仍是等腰三角形. 余下的证明和 ⅰ 类似,故从略.

若 $\alpha=90°$,则 O 在 BC 上,这时 $r=(\sqrt{2}+1)R$,$d=R$,从而
$$\sqrt{r(r-2R)}=\sqrt{(\sqrt{2}+1)(\sqrt{2}-1)R^2}=R=d$$
故求证的式子仍成立.

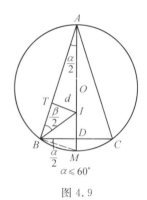

图 4.9

图 4.10

ⅲ 设顶角 $\alpha > 90°$.

证法和 ⅰ,ⅱ 类似,故从略.

证法 2 设 BC 边上的高 $AD = h$,则
$$h = r + d + R$$
令 $\angle ABD = \angle ACD = \beta$. 在 $\triangle ADC$ 中
$$h = S \cdot \sin \beta$$
在 $\triangle ABM$ 中
$$AB/AM = S/2r = \sin \angle AMB = \sin \beta$$
所以
$$r = \frac{S}{2\sin \beta}$$
在 $\triangle BID$ 中
$$R = BD \cdot \tan \frac{\beta}{2}$$
$$BD = DC = S \cdot \cos \beta$$
所以
$$R = S \cdot \cos \beta \cdot \tan \frac{\beta}{2} = \frac{S \cdot \cos \beta(1 - \cos \beta)}{\sin \beta}$$
所以
$$d = h - r - R = \frac{S}{2\sin \beta}(2\sin^2 \beta - 1 -$$
$$2\cos \beta + 2\cos^2 \beta) = \frac{S(1 - 2\cos \beta)}{2\sin \beta}$$
所以
$$r^2 - 2rR = \frac{S^2}{4\sin^2 \beta} - \frac{S^2}{\sin \beta} \cdot \frac{\cos \beta(1 - \cos \beta)}{\sin \beta} =$$
$$\frac{S^2(1 - 2\cos \beta)^2}{4\sin^2 \beta} = d^2$$
即
$$\sqrt{r(r - 2R)} = d$$

注 本题用到关于三角形的外接圆及内切圆的欧拉(Euler)定理.

定理 在任意三角形中,若其外接圆及内切圆的半径分别为 r 及 R,则其外心与内心的距离 d 满足
$$d^2 = r^2 - 2rR$$

定理的证明 设 $\triangle ABC$ 为任意三角形,O, I 分别为其外心及内心,如图 4.11 所示,引 $OD \perp AB$,则
$$\angle IAD = \frac{\angle A}{2}, \angle OAD = \frac{\pi}{2} - \angle AOD = \frac{\pi}{2} - \angle C$$
不妨设 $\angle C > \angle A$,则

$$\angle OAI = \frac{\angle A}{2} - (\frac{\pi}{2} - \angle C) =$$
$$\frac{\angle A - (\angle A + \angle B + \angle C) + 2\angle C}{2} = \frac{\angle C - \angle B}{2}$$
$$AO = r$$
$$AI = R \Big/ \sin\frac{A}{2} = 4r \cdot \sin\frac{A}{2} \cdot \sin\frac{B}{2} \cdot \sin\frac{C}{2} \Big/ \sin\frac{A}{2} =$$
$$4r \cdot \sin\frac{B}{2} \cdot \sin\frac{C}{2}$$

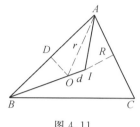

图 4.11

在 $\triangle IOA$ 中,有
$$OI^2 = AO^2 + AI^2 - 2AO \cdot AI \cdot \cos\angle OAI =$$
$$r^2 + 16r^2 \cdot \sin^2\frac{B}{2} \cdot \sin^2\frac{C}{2} -$$
$$8r^2 \cdot \sin\frac{B}{2} \cdot \sin\frac{C}{2} \cdot \cos\frac{C-B}{2} =$$
$$r^2 + 8r^2 \cdot \sin\frac{B}{2} \cdot \sin\frac{C}{2}(2\sin\frac{B}{2} \cdot \sin\frac{C}{2} -$$
$$\cos\frac{C}{2} \cdot \cos\frac{B}{2} - \sin\frac{C}{2} \cdot \sin\frac{B}{2}) =$$
$$r^2 - 8r^2 \cdot \sin\frac{B}{2} \cdot \sin\frac{C}{2} \cdot \cos\frac{B+C}{2} =$$
$$r^2(1 - 8\sin\frac{A}{2} \cdot \sin\frac{B}{2} \cdot \sin\frac{C}{2}) =$$
$$r^2 - 2r \cdot 4r \cdot \sin\frac{A}{2} \cdot \sin\frac{B}{2} \cdot \sin\frac{C}{2} =$$
$$r^2 - 2rR$$

证法 3 如图 4.12 所示,联结 CI 交 $\triangle ABC$ 的外接圆于点 F,联结 BI, BF. 因为
$$\angle ABI = \angle IBC, \angle FBA = \angle ACF = \angle ICB$$
而 $\quad \angle FIB = \angle IBC + \angle ICB, \angle FBI = \angle ABI + \angle FBA$
所以 $\quad\quad\quad\quad \angle FIB = \angle FBI$
所以 $\quad\quad\quad\quad FB = FI$

联结 FO 交 $\triangle ABC$ 的外接圆于点 G,联结 BG. 在 $\triangle IEC$ 与 $\triangle FBG$ 中,因为
$$\angle IEC = \angle FBG = 90°, \angle ICE = \angle FGB$$
所以 $\triangle IEC \backsim \triangle FBG$,从而
$$\frac{CI}{GF} = \frac{IE}{FB}$$
因为 $GF = 2r, IE = p, FB = FI$,故得

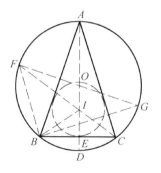

图 4.12

又因为
$$CI \cdot FI = 2rp$$
$$CI \cdot FI = AI \cdot DI$$
而
$$AI \cdot DI = (r+d)(r-d)$$
(当 $\angle A \leqslant 60°$ 时,如图 4.12 所示,$AI = r+d$, $DI = r-d$;当 $\angle A > 60°$ 时,如图 4.13 所示,$AI = r-d$, $DI = r+d$)

所以
$$(r+d)(r-d) = 2rp$$
得
$$d^2 = r^2 - 2rp$$
即
$$d = \sqrt{r(r-2p)}$$

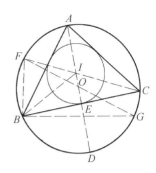

图 4.13

证法 4 (1) 若外心 O 在等腰 $\triangle ABC$ 形内,如图 4.14 所示,由于 $\triangle AIJ \sim \triangle AMB$ 得
$$\frac{AI}{IJ} = \frac{AM}{BM}$$
由
$$\angle BIM = \angle IAB + \angle IBA = \angle IAC + \angle IBC = $$
$$\angle CBM + \angle IBC = \angle IBM$$
所以
$$IM = BM$$
因此
$$\frac{AI}{IJ} = \frac{AM}{IM}$$
即
$$\frac{r+d}{R} = \frac{2r}{r-d}$$
化简可得
$$d = \sqrt{r(r-2R)}$$

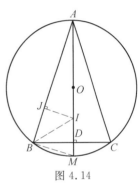

图 4.14

(2) 若外心 O 在等腰 $\triangle ABC$ 形外,如图 4.15 所示,同理可证 $\triangle AIJ \sim \triangle AMB$,且 $IM = BM$,所以由 $\frac{AI}{IJ} = \frac{AM}{BM} = \frac{AM}{IM}$ 得
$$\frac{r-d}{R} = \frac{2r}{r+d}$$
化简可得
$$d = \sqrt{r(r-2R)}$$

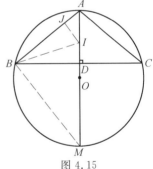

图 4.15

(3) 若外心 O 在等腰 $\triangle ABC$ 的斜边 BC 上,如图 4.16 所示,直接验证可知
$$d = \sqrt{r(r-2R)}$$
综上可知对圆内接等腰 $\triangle ABC$,等式 $d = \sqrt{r(r-2R)}$ 总成立.

证法 5 设 $\triangle ABC$ 是底边为 BC 的等腰三角形,则其外心 S,内心 O 都在底边之高 AM 或其延长线上,如图 4.17 所示.

取顶角 $\angle BAC = \alpha$,若 α 是锐角,则外心 S 在 $\triangle ABC$ 之内,距底边 BC 为 $r \cdot \cos\alpha$ 个长度单位,如图 4.17(a) 所示,在这种情形

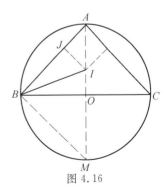

图 4.16

下得到的距离
$$d = SO = |R - r \cdot \cos \alpha|$$

若 α 是直角,则外心 S 和垂足 M 重合,如图 4.17(b) 所示,此时
$$d = R = |R - r \cdot \cos \alpha|$$

若 α 是钝角,则外心 S 在 $\triangle ABC$ 之外,如图 4.17(c) 所示,它与底边的距离是
$$r \cdot \cos(\pi - \alpha) = -r \cdot \cos \alpha$$
所以也有
$$d = SO = R - r \cdot \cos \alpha = |R - r \cdot \cos \alpha|$$

因此,在所有情形下都有
$$d = |R - r \cdot \cos \alpha| \qquad ①$$

现在我们设法用 R 和 r 来表示 $\cos \alpha$,注意到在所有的情形下,有
$$BM = r \cdot \sin \alpha \qquad ②$$

此外,在 $\triangle BMO$ 中,因为
$$\angle OBM = \frac{1}{2} \angle ABC = \frac{1}{2}(90° - \frac{\alpha}{2}) = 45° - \frac{\alpha}{4}$$
则
$$\angle BOM = 90° - \angle OBM = 45° + \frac{\alpha}{4}$$
从而有
$$BM = R \cdot \tan(45° + \frac{\alpha}{4}) \qquad ③$$

由 ② 及 ③ 得到
$$r \cdot \sin \alpha = R \cdot \tan(45° + \frac{\alpha}{4}) =$$
$$R \cdot \frac{1 + \tan \frac{\alpha}{4}}{1 - \tan \frac{\alpha}{4}} = R \cdot \frac{\cos \frac{\alpha}{4} + \sin \frac{\alpha}{4}}{\cos \frac{\alpha}{4} - \sin \frac{\alpha}{4}} =$$
$$R \cdot \frac{(\cos \frac{\alpha}{4} + \sin \frac{\alpha}{4})(\cos \frac{\alpha}{4} + \sin \frac{\alpha}{4})}{(\cos \frac{\alpha}{4} - \sin \frac{\alpha}{4})(\cos \frac{\alpha}{4} + \sin \frac{\alpha}{4})}$$
即
$$r \cdot \sin \alpha = R \cdot \frac{1 + \sin \frac{\alpha}{2}}{\cos \frac{\alpha}{2}}$$
$$2r \cdot \sin \frac{\alpha}{2} \cdot \cos^2 \frac{\alpha}{2} = R(1 + \sin \frac{\alpha}{2})$$

注意到 $\cos^2 \frac{\alpha}{2} = 1 - \sin^2 \frac{\alpha}{2}$,并用正数 $1 + \sin \frac{\alpha}{2}$ 去除,得

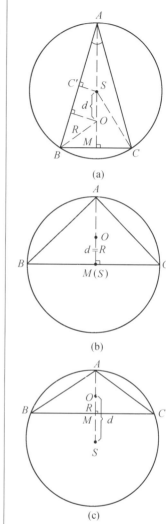

图 4.17

$$2r \cdot \sin^2 \frac{\alpha}{2} - 2r \cdot \sin \frac{\alpha}{2} + R = 0 \quad ④$$

又由 $\cos \alpha = 1 - 2\sin^2 \frac{\alpha}{2}$, 得

$$-r \cdot \cos \alpha = -r + 2r \cdot \sin^2 \frac{\alpha}{2}$$

$$2r \cdot \sin^2 \frac{\alpha}{2} = r - r \cdot \cos \alpha \quad ⑤$$

但由 ④ 得

$$2r \cdot \sin^2 \frac{\alpha}{2} = 2r \cdot \sin \frac{\alpha}{2} - R \quad ⑥$$

由 ⑤,⑥ 得

$$r - r \cdot \cos \alpha = 2r \cdot \sin \frac{\alpha}{2} - R$$

$$R - r \cdot \cos \alpha = r(2\sin \frac{\alpha}{2} - 1) \quad ⑦$$

将 ⑦ 代入 ① 得

$$d = |r(2\sin \frac{\alpha}{2} - 1)|$$

两边分别平方得

$$d^2 = r^2(4\sin^2 \frac{\alpha}{2} - 4\sin \frac{\alpha}{2} + 1)$$

$$d^2 = r^2 + (4r^2 \cdot \sin^2 \frac{\alpha}{2} - 4r^2 \cdot \sin \frac{\alpha}{2}) \quad ⑧$$

将 ⑥ 代入 ⑧ 得

$$d^2 = r^2 + (2r(2r \cdot \sin \frac{\alpha}{2} - R) - 4r^2 \cdot \sin \frac{\alpha}{2}) = r^2 - 2rR$$

所以

$$d = \sqrt{r^2 - 2rR} = \sqrt{r(r - 2R)}$$

证法 6 注意到对于任意等腰 $\triangle ABC$($\angle A$ 为顶角) 恒有

$$d = |R - r \cdot \cos A|, \sin \frac{A}{2} = \cos B, \cos \frac{A}{2} = \sin B$$

又 $R = 4r \cdot \sin \frac{A}{2} \cdot \sin \frac{B}{2} \cdot \sin \frac{C}{2} = 4r \cdot \sin \frac{A}{2} \cdot \sin^2 \frac{B}{2}$

故

$$d = \sqrt{(R - r \cdot \cos A)^2} =$$

$$\sqrt{16r^2 \cdot \sin^2 \frac{A}{2} \cdot \sin^4 \frac{B}{2} - 8r^2 \cdot \sin \frac{A}{2} \cdot \cos A \cdot \sin^2 \frac{B}{2} + r^2 \cdot \cos^2 A} =$$

$$\sqrt{16r^2 \cdot \sin^2 \frac{A}{2} \cdot \sin^4 \frac{B}{2} - 8r^2 \cdot \sin \frac{A}{2} \cdot \cos A \cdot \sin^2 \frac{B}{2} + r^2(1 - \sin^2 A)} =$$

$$\sqrt{r^2 - r^2(8\sin \frac{A}{2} \cdot \cos A \cdot \sin^2 \frac{B}{2} + \sin^2 A - 16\sin^2 \frac{A}{2} \cdot \sin^4 \frac{B}{2})}$$

其中

$$8\sin\frac{A}{2}\cdot\cos A\cdot\sin^2\frac{B}{2}+\sin^2 A-16\sin^2\frac{A}{2}\cdot\sin^4\frac{B}{2}=$$

$$4\sin\frac{A}{2}(2\cos A\cdot\sin^2\frac{B}{2}+\sin\frac{A}{2}\cdot\cos^2\frac{A}{2}-4\sin\frac{A}{2}\cdot\sin^4\frac{B}{2})=$$

$$4\sin\frac{A}{2}(2\cos A\cdot\sin^2\frac{B}{2}+\sin\frac{A}{2}\cdot\sin^2 B-4\sin\frac{A}{2}\cdot\sin^4\frac{B}{2})=$$

$$4\sin\frac{A}{2}\cdot\sin^2\frac{B}{2}(2\cos A+4\sin\frac{A}{2}\cdot\cos^2\frac{B}{2}-4\sin\frac{A}{2}\cdot\sin^2\frac{B}{2})=$$

$$4\sin\frac{A}{2}\cdot\sin^2\frac{B}{2}(2\cos A+4\sin\frac{A}{2}\cdot\cos B)=$$

$$4\sin\frac{A}{2}\cdot\sin^2\frac{B}{2}(2(1-2\sin^2\frac{A}{2})+4\sin^2\frac{A}{2})=$$

$$8\sin\frac{A}{2}\cdot\sin^2\frac{B}{2}$$

因此

$$d=\sqrt{r^2-r^2\cdot 8\sin\frac{A}{2}\cdot\sin^2\frac{B}{2}}=$$

$$\sqrt{r^2-2r\cdot 4r\cdot\sin\frac{A}{2}\cdot\sin\frac{B}{2}\cdot\sin\frac{C}{2}}=$$

$$\sqrt{r^2-2rR}=\sqrt{r(r-2R)}$$

事实上,本题的结论对于任意三角形都是成立的,下面再给出一种一般性证法.

证法7 如图 4.18 所示,O 和 I 分别是 $\triangle ABC$ 外接圆和内切圆的圆心,联结 OI 交圆 O 于 K,L 两点;又联结 CI,BI,并延长分别交圆 O 于 M,N 两点. 则

$$KI\cdot IL=CI\cdot IM \qquad ⑨$$

一方面,有

$$KI\cdot IL=(KO+OI)(OL-OI)=$$
$$(r+d)(r-d)=r^2-d^2 \qquad ⑩$$

另又作 $ID\perp BC$ 于 D,于是有

$$CI=\frac{ID}{\sin\angle ICB}=\frac{R}{\sin\frac{C}{2}}$$

联结 BM,在 $\triangle MIB$ 中

$$\angle MIB=\frac{1}{2}(\overset{\frown}{BM}+\overset{\frown}{NC})$$

$$\angle MBI=\frac{1}{2}(\overset{\frown}{MA}+\overset{\frown}{AN})$$

因为 $\overset{\frown}{BM}=\overset{\frown}{MA}$,$\overset{\frown}{NC}=\overset{\frown}{AN}$,故 $\angle MIB=\angle MBI$,由此

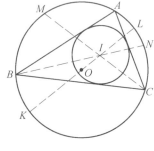

图 4.18

$$IM = BM = 2r \cdot \sin \angle BCM = 2r \cdot \sin \frac{C}{2}$$

于是

$$CI \cdot IM = \frac{R}{\sin \frac{C}{2}} \cdot 2r \cdot \sin \frac{C}{2} = 2Rr \qquad ⑪$$

最后,将 ⑩ 与 ⑪ 代入 ⑨,得

$$r^2 - d^2 = 2Rr$$

所以

$$d = \sqrt{r(r - 2R)}$$

❼ 设一个四面体 $SABC$ 具有如下性质:存在着五个球和它的棱 SA, SB, SC, AB, BC, CA 或其延长线相切,求证:

(1)$SABC$ 是正四面体.

(2)反之,对每一个正四面体都有这样的五个球存在.

苏联命题

证法 1 设球 Σ 和 $SABC$ 的六条棱或其延长线相切,则 Σ 和 $SABC$ 各面各截成一个圆.这个圆是对应面上三角形的内切圆或旁切圆,而且与某一棱相邻的两个面上的圆切于该棱上同一点.

(1)现在我们考虑以下两种情况.

ⅰ 如图 4.19 所示,球和六条棱的切点都在棱上.这时球面 Σ 必定过某一面 △ABC 内切圆与三边的切点 P, Q, R,而且还通过 △SAB 内切圆与 SA 的切点 T.P, Q, R, T 不在同一直线上,故 T 与 P, Q, R 不共面.过 P, Q, R, T 可确定一个唯一的外接球.所以在这一情况下,球是唯一的.

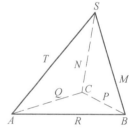

图 4.19

ⅱ 如图 4.20 所示,若球与一边的切点是在四面体外,可以证明这样的球不超过四个,且每一面对应一球.

设 $SA = a', SB = b', SC = c', BC = a, AC = b, AB = c$,并设 T, M, N, P, Q, R 是在情况 ⅰ 下球和这六条棱的切点,则

$$ST = SM = SN, AT = AQ = AR$$
$$BM = BP = BR, CN = CP = CQ$$

因 $AT + TS = AS, BP + PC = BC, \cdots$.故

$$a' + a = b' + b = c' + c \qquad ①$$

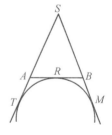

图 4.20

现在考察在情况 ⅱ 下对应于 △SAB 那一面的球.这时

$$ST - AT = SA, SM - BM = SB, AR + RB = AB$$

而且 $SN - CN = SC, BP + PC = BC, AQ + QC = AC$

从而得

$$a' - a = b' - b = c - c' \qquad ②$$

由 ①,② 得

$$a' = b' = c, a = b = c'$$

再考察对应于 $\triangle ABC$ 那一面的球,可得 $a=b=c$,所以
$$a'=b'=c'=a=b=c$$
即 $SABC$ 是一个正四面体.

(2) 如图 4.21 所示,设 $SABC$ 是正四面体,G 是它的重心(若 E,F 分别是 AS 和 BC 的中点,则 G 是 EF 的中点). 点 G 和各条棱等距离,故可作一内切球.

如果以 SG 为轴把 $SABC$ 旋转 $120°$,则 S,G 两点不变,A 移至 B,B 移至 C,C 移至 A. 故原四面体和经过这样变换后的四面体并无二致. 可知以 SG 上任意一点为中心的球,若与 SA 相切,亦必与 SB,SC 的延长线相切,若与 AB 相切,亦必与 AC,BC 相切.

在对应于 $\triangle SAB$ 的平面上,作 $\angle SAB$ 的外角平分线,过此线作平面使其垂直于含 $\triangle SAB$ 的平面. 若 X 是所作的平面和 SG 的交点,则 X 和 SA,AB 等距离. 以 X 为球心可作一个适合情况 ii 的球. 另三个适合情况 ii 的球,可以同样作出.

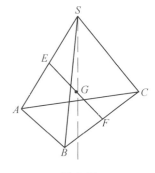

图 4.21

证法 2 i 首先指出,由于和四面体六条棱都相切的球的球心到四面体的六条棱的距离都相等,因此,这样的球的球心必定在已知四面体的三面角的内部,即在四面体的内部,或者在四面体的外部但在四面体的某一三面角的内部.

既然已知存在五个与四面体的六条棱(或其延长线)均相切的球,那么在四面体每一个三面角内部都有两个球的球心,而这样的两个球与四面体的棱或其延长线相切,一个球的球心在四面体的内部,这个球切四面体的六条棱于内点,另一个球的球心在四面体的外部,这个球切四面体的三条棱于内点,而切另三条棱于外点(即延长线上的点).

设 O_1 为分别切四面体 $SABC$ 六条棱 SA,SB,SC,AB,BC 与 CA 于内点 M,N,P,Q,R 与 T 的球的球心,O_2 为切四面体 $SABC$ 的三条棱 SA,SB,SC 于延长线上的点 M',N',P',而与另三条棱切于内点的球的球心,如图 4.22 所示. 现在首先证明球 O_1 和 O_2 分别与棱 AB,BC,CA 相切于相同的点 Q,R,T.

因为,球 O_1 分别切 AB,BC,CA 于 Q,R,T,因此球 O_1 与平面 ABC 所交成的小圆即为过 Q,R,T 的圆,显然这个圆就是 $\triangle ABC$ 的内切圆.

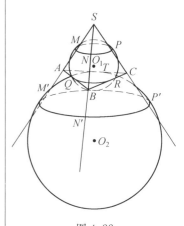

图 4.22

同理,球 O_2 与平面 ABC 所交成的小圆,也是 $\triangle ABC$ 的内切圆,因为 $\triangle ABC$ 的内切圆只有一个,所以这两圆就是同一个圆,球 O_2 与 AB,BC,CA 的切点,也就是 $\triangle ABC$ 的内切圆与 $\triangle ABC$ 的三边的切点 Q,R,T,两个球 O_1 与 O_2 的交线也就是 $\triangle ABC$ 的内切圆.

我们还知道,自球外一点引球的切线,它们的长都是相等的,

因此有
$$SM = SN = SP \quad ③$$
$$SM' = SN' = SP' \quad ④$$
④－③得
$$MM' = NN' = PP'$$
又因为
$$AM' = AQ = AM$$
所以
$$AM = \frac{1}{2}MM'$$
同理得
$$BN = \frac{1}{2}NN', CP = \frac{1}{2}PP'$$
所以
$$AM = BN = CP \quad ⑤$$
③＋⑤得 $SM + AM = SN + BN = SP + CP$
即
$$SA = SB = SC$$
同理得
$$AS = AB = AC$$
$$BS = BA = BC$$
$$CS = CA = CB$$
所以
$$SA = SB = SC = AB = AC = BC$$
因此,四面体 $SABC$ 为一正四面体.

ⅱ 如果四面体 $SABC$ 为正四面体,并设 M,N,P,Q,R,T 分别为棱 SA,SB,SC,AB,BC,CA 的中点,那么容易知道
$$MR = NT = PQ$$
并有 MR,NT,PQ 三线段交于一点 O_1,且三线段均被 O_1 平分,另外还有
$$MR \perp SA, MR \perp BC, NT \perp SB$$
$$NT \perp AC, PQ \perp SC, PQ \perp AB$$
所以我们如果以 O_1 为球心,O_1M 为半径作球 O_1,那么球 O_1 必与正四面体 $SABC$ 的各棱相切于它们的中点 M,N,P,Q,R,T,如图 4.23 所示.

其次,我们在四面体 $SABC$ 的棱 SA,SB,SC 的延长线上分别取 M',N',P',使 $AM' = BN' = CP' = AM$(等于 $\frac{1}{2}$ 四面体棱长),再在两相交直线 SA,SO_1 所决定的平面上,过 M' 作 SA 的垂线交 SO_1 于 O_2,那么显然有
$$\frac{SM}{SM'} = \frac{SO_1}{SO_2} = \frac{O_1M}{O_2M'}$$
因为
$$\frac{SN}{SN'} = \frac{SM}{SM'}$$
所以
$$\frac{SN}{SN'} = \frac{SO_1}{SO_2}$$

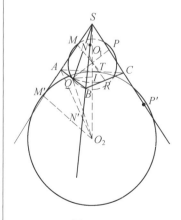

图 4.23

从而得
$$O_1N \parallel O_2N'$$

所以
$$\frac{O_1N}{O_2N'} = \frac{SO_1}{SO_2} = \frac{O_1M}{O_2M'}$$

因为
$$O_1N = O_1M, O_1N \perp SB$$

所以
$$O_2N' = O_2M', O_2N' \perp SB$$

同理得
$$O_2P' = O_2M', O_2P' \perp SC$$

再连 O_2Q,我们来证明 $O_2Q \perp AB$,且 $O_2Q = O_2M'$.

设 SO_1 交平面 ABC 于 I,那么,容易知道 I 是正 $\triangle ABC$ 的外心(从而也是内心、垂心),因此 $IQ \perp AB$,又因为 $SQ \perp AB$,所以就有
$$O_2Q \perp AB$$

在 Rt$\triangle O_2AM'$ 与 Rt$\triangle O_2AQ$ 中,因为 $AM' = AQ, O_2A$ 公共,所以
$$\text{Rt}\triangle O_2AM' \cong \text{Rt}\triangle O_2AQ$$

从而
$$O_2Q = O_2M'$$

同理可得 $O_2R \perp BC$ 且 $O_2R = O_2N'$ 和 $O_2T \perp AC$ 且 $O_2T = O_2P'$,所以
$$O_2M' = O_2N' = O_2P' = O_2Q = O_2R = O_2T$$

并且 $O_2M', O_2N', O_2P', O_2Q, O_2R, O_2T$ 分别垂直于对应的四面体的棱,所以如果以 O_2 为球心,O_2M' 为半径作球 O_2,那么球 O_2 一定和四面体的六条棱(或其延长线)SA, SB, SC, AB, BC, CA 分别切于点 M', N', P', Q, R, T.

完全同样地我们可以在正四面体 $SABC$ 的另外三个三面角 A—SBC,B—SCA,C—SAB 内作出类似于球 O_2 的球 O_3, O_4, O_5,它们分别都切于四面体的六条棱(或棱的延长线).

这样,我们就证明了正四面体必定存在五个球,这五个球分别切于四面体的各棱或其延长线.

证法 3 设球 Ω 与四面体 $SABC$ 各棱所在的直线都相切,这时球 Ω 被四面体的每一个面相截,截线为对应三角形的内切圆或旁切圆. 同时,相交于某一棱的两个面上的两个圆具有一个公共点,这个点就是球与该棱所在直线的切点.

有如下两种可能情况.

ⅰ 球的每一切点都在棱的内部. 这时,各面上截得的圆都是对应三角形的内切圆.

球 Ω 必定通过 $\triangle ABC$ 的内切圆与对应边 BC, CA, AB 的切点 R, T, Q,也通过 $\triangle SAB$ 的内切圆与边 SA 的切点 M(参看图 4.22). 因为点 R, T, Q 不在一直线上,所以点 M 不在平面 RTQ 上. 由于过不共面的四点 R, T, Q, M 可以作一个也只能作一个球,所以这种第一类球如果存在的话,那么至多只有一个.

ⅱ 球的切点中至少有一个在棱的外部(在棱的延长线上). 为确定起见,设这条棱是 SA,球 Ω 与 SA 所在直线的切点 M' 在 SA 的延长线上点 A 的外侧(即点 A 在 S,M' 之间),这时与 SA,SC 及 AC 相切的圆是 $\triangle SAC$ 的旁切圆,该圆与顶点 S 分布在 AC 的两侧. 因此它与棱 AC 相切于点 T,与棱 SC 的延长线相切于点 P',点 P' 在点 C 的外侧(即点 C 在 S,P' 之间). 同理,平面 SAB 上的圆与棱 SA 的延长线相切于点 M',与棱 AB 相切于某一点 Q,与棱 SB 的延长线相切于点 N';在平面 SBC 上的圆与直线 SB,SC 相切于点 N',P',且与棱 BC 相切于某一点 R. 因此,这个第二类球与面 $\triangle ABC$ 上的三条棱相切,而与棱 SA,SB,SC 的延长线相切,同时切点分别位于点 A,B,C 的外侧(即 A,B,C 位于对应的切点与点 S 之间).

与 ⅰ 相仿,我们可以证明,像这种与一个面 $\triangle ABC$ 的各棱相切,而与其余各棱的延长线相切的球至多只有一个. 因此,第二类的球的总数至多只有四个.

a. 设所有这五个球都存在,我们要证明四面体 $SABC$ 是正四面体.

设四面体 $SABC$ 的各棱长分别为
$$SA = a, SB = b, SC = c, BC = a', AC = b', AB = c'$$
设 M, N, P, R, T, Q 是第一类球的切点,则有
$$SM = SN = SP, AM = AT = AQ$$
$$BN = BR = BQ, CP = CR = CT$$
又因 $AM + SM = SA$,$BR + CR = BC$ 等等,可得
$$a + a' = b + b' = c + c' \qquad ⑥$$
考察与面 $\triangle ABC$ 相对应的第二类的球,有
$$SM' - AM' = SA, BR + RC = BC, SN' - BN' = SB$$
$$AT + TC = AC, SP' - CP' = SC, AQ + QB = AB$$
可得
$$a - a' = b - b' = c - c' \qquad ⑦$$
由 ⑥,⑦ 可得
$$a = b = c, a' = b' = c'$$

如果再考察对应于面 SAB 的第二类的球,用同样的方法可得 $c' = a = b$. 因此就证明了 $a = b = c = a' = b' = c'$,即四面体 $SABC$ 是正四面体.

b. 我们再来证明:正四面体必定存在五个这样的球.

设点 O_1 是正四面体 $SABC$ 的中心,以 O_1 为球心,通过某一棱中点的球 Ω 必定通过其余五条棱的中点,并且与各棱均相切. 再以点 S 为位似中心,相似系数为 3 作位似变换,将这个球 Ω 变为

球 Ω_1，它必定与各棱所在的直线均相切，它是一个第二类的球. 以正四面体的每一个顶点为位似中心，作这样的位似变换，便可作出四个第二类的球.

证法 4 （1）首先确定球面和四面体 $SABC$ 的棱或其延长线在怎样的点相切？不失一般性，就平面 ABC 来说，所设五个球面与平面 ABC 分别交于某个圆，这些圆对于 $\triangle ABC$ 或为内切，或为旁切.

ⅰ 我们首先假定球面 k 和平面 ABC 在圆 k 相交，这个圆是 $\triangle ABC$ 的内切圆，如图 4.24(a) 所示. 这个球面 k 和平面 SAB 或者在一个内切于 $\triangle SAB$ 的圆 k_3 相交，或者在一个关于 AB 边的 $\triangle SAB$ 的旁切圆 k'_3 相交，如 4.24(b) 所示.

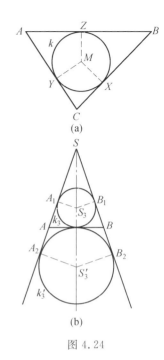

图 4.24

在第一种情形下，球面 k 和平面 SBC 在一个圆相交，这个圆在 $\triangle SBC$ 的边 SB 和 BC 的内点相切. 因此，它也是 $\triangle SBC$ 的内切圆，并且它和 SC 边也是在内点相切. 所以球面 k 和这四面体的所有棱都在内点相切. 我们把这个球面记为 k_0，并且称之为内切于各棱的球.

在第二种情形下，球面 k 和平面 SBC 相交于另一个圆，这个圆和 BC 边切于内点，而和 SB 边切于其延长线上一点，因此这个圆是 $\triangle SBC$ 中关于 BC 边的旁切圆，从而它和另一边 SC 也相切于其延长线上. 我们把这个球记为 k_s，并称它为旁切于棱的球.

ⅱ 球面 k 和平面 ABC 在圆 k_1 相交，且设圆 k_1 是在 $\triangle ABC$ 中关于 BC 边的旁切圆. 注意到此时球面与 AB 有公共点（切点），因此它和平面 SAB 相交于一个圆. 显然这个圆是 $\triangle SAB$ 中关于 SB 边的旁切圆. 这样，由于球 k 与棱 BC，SB 相切于其内点，则球面 k 与平面 SBC 的交线圆，是 $\triangle SBC$ 的内切圆. 因此，这种情形返回到情形(1)，在这里顶点 S,A,B,C 的顺序被换为 A,B,C,S. 通过类似的方法交换顶点顺序，不难看出，所设的五个球，只能是一个内切于棱的球，和四个旁切于棱的球.

下面，我们来证明：具有上述性质的四面体 $SABC$ 是正四面体.

球面 k_0 在点 A_1, B_1, C_1 依次和直线 SA, SB 和 SC 相切；球面 k_s 依次在点 A_2, B_2, C_2 和这些直线相切. 两个球面和平面 ABC 相交于 $\triangle ABC$ 的内切圆 k，两个球面和棱 AB, BC, CA 依次在点 Z, X, Y 相切.

对应于同一个球面的切线性质有

$$AA_1 = AA_2 = AZ = AY$$
$$BB_1 = BB_2 = BZ = BX$$
$$CC_1 = CC_2 = CX = CY$$

⑧

同样地,还有
$$SA_1 = SB_1 = SC_1$$
$$SA_2 = SB_2 = SC_2 \quad ⑨$$
现在有
$$SA_2 = SA_1 + AA_1 + AA_2$$
$$SB_2 = SB_1 + BB_1 + BB_2$$
$$SC_2 = SC_1 + CC_1 + CC_2$$
因此,由 ⑧ 和 ⑨ 有
$$AA_1 = BB_1 = CC_1 \quad ⑩$$
又有 $SA = SA_1 + AA_1, SB = SB_1 + BB_1, SC = SC_1 + CC_1$
所以根据 ⑨ 和 ⑩ 有
$$SA = SB = SC \quad ⑪$$

通过交换顶点,我们由 ⑪ 断定,由所给的四面体的任何一个顶点出发的所有的棱的长度都相等,由此可以得到四面体 $SABC$ 的所有的棱长度相等.因此这四面体是正四面体,于是问题(1)得证.

(2) 设 $SABC$ 是一个正四面体,点 M 同时是等边 $\triangle ABC$ 的内心和外心,如图 4.25 所示.将平面 SAB 通过两次绕直线 SM 旋转,每次转 $120°$,分别得到平面 SBC 和 SAC.我们再用 k_3 来记 $\triangle SAB$ 的内切圆,它的圆心为 S_3;另用 k'_3 来记关于 AB 边的 $\triangle SAB$ 的旁切圆,且它的圆心为 S'_3.因为平面 SAB 包含直线 AB,而 AB 垂直于直线 CM,同时还垂直于 SM,也就是平面 SAB 垂直平面 SCM.因此通过点 S_3 且与平面 SAB 垂直的直线交直线 SM 于一点 O_0.相应地,通过点 S'_3 且和平面 SAB 垂直的直线交直线 SM 于点 O_s.但球心为 O_0 的球面 k_0(以 O_0Z 为半径)必包含圆 k_3,且与 $\triangle SAB$ 的三边相切(因为从 O_0 到圆 k_3 上任一点的距离都等于 O_0Z,且 $O_0Z \perp AB$);同理,球面 k_0 也包含 $\triangle SBC, \triangle SCA$ 的内切圆且和这些三角形的各边相切.因此,球面 k_0 是所作的五个球面之一.

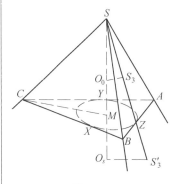

图 4.25

类似地可以证明,球心为 O_s 的球面 k_s 包含圆 k'_3,它也包含 $\triangle SBC$ 和 $\triangle SCA$ 的旁切圆,因此球面 k_s 是所作的五个球面的第二个.

如果依次用点 A, B, C 来代替点 S,那么可以得到另外的三个旁切于棱的球.于是,问题(2)得证.

证法 5 为证问题(1),先证以下三条引理.

引理 1 三角形的内切圆与其一边上的旁切圆如果有相同的切点,则这三角形的其他两边相等.

引理 1 的证明 如图 4.26 所示,若 $\triangle ABC$ 的内切圆 I 与 BC

边上的旁切圆 P_a 有公共切点 T,则因 $IT \perp BC$,$P_aT \perp BC$,从而 T 必在连心线 AIP_a 上,亦即 $AT \perp BC$. 注意到 AT 是 $\angle BAC$ 的平分线,显然有 $AB = AC$.

引理 2 三棱锥 $S-ABC$ 如果同时存在内切于棱的球和关于 $\triangle ABC$(底面) 的旁切于棱的球,则关于三边 AB, BC, CA 必有相同的切点.

引理 2 的证明 设内切于棱的球心为 O,旁切于棱的球心为 P_s. 注意到球 O 内切于棱,则它与线段 AB, BC, CA 必都有切点,设之为 X, Y, Z, 如图 4.27 所示. 但球面与平面 ABC 的交线为圆,设之为圆 I, 显然圆 I 与 AB, BC, CA 不能有另外的公共点(否则球 O 将与诸棱不相切),因此圆 I 为 $\triangle ABC$ 的内切圆.

类似地,考察旁切于棱的球 P_s, 注意到球心 P_s 在三面角 $S-ABC$ 的内部,而三边 AB, BC, CA 的延长线都在三面角 $S-ABC$ 的外部,显然球 P_s 不能与三边相切于其延长线上,亦即球 P_s 必分别与线段 AB, BC, CA 切于内点. 因此,球 P_s 与平面 ABC 的交线也只能是 $\triangle ABC$ 的内切圆. 但是三角形的内切圆是唯一的,因而其切点就只能是点 X, Y, Z. 故这两球在这三棱上有相同的切点.

引理 3 三棱锥 $S-ABC$ 如果同时存在内切于棱的球 O 和旁切于棱(关于底面 ABC 的) 的球 P_s,则三侧棱 $SA = SB = SC$.

引理 3 的证明 从平面 SAB 来看,内切于棱的球 O 与它的交线是 $\triangle SAB$ 的内切圆,旁切于棱的球 P_s 与它的交线是 $\triangle SAB$ 关于边 AB 的旁切圆. 据引理 1 可知
$$SA = SB$$
同理可证 $SB = BC$. 所以
$$SA = SB = SC$$

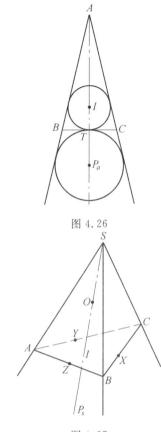

图 4.26

图 4.27

现在来证明本题(1). 事实上,已知它存在五个切于棱的球,显然它们只能是一个切于棱的球和四个关于平面 ABC, SAB, SBC, SCA 的旁切于棱的球.

因此,就三棱锥 $S-ABC$ 来看,据引理 3 有
$$SA = SB = SC$$
就三棱锥 $A-SBC$ 来看,有
$$AB = AC = SA$$
就三棱锥 $B-SCA$ 来看,有
$$SB = AB = BC$$
于是有 $SA = SB = SC = AB = BC = CA$, 因此,这个四面体是正四面体,从而题(1)得证.

下面,为证问题(2),先提出两条引理.

引理 4 若平面外一点到这平面上若干线段或其延长线的距离相等,则这点在这平面上的射影到这些线段或其延长线的距

离也相等.它的逆命题也成立.

引理 5　从一角的顶点,引该角所在平面的交线,若此线与该角两边成等角,则此线上任意一点到该角两边等距.

现在考察正四面体 $SABC$,如图 4.28 所示.过点 S 作直线 $SH \perp$ 平面 ABC 于点 H,显然,点 H 是正 $\triangle ABC$ 的中心.因此,根据引理 4 和 5 可得:

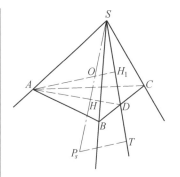

图 4.28

ⅰ SH 上任一点到 $\triangle ABC$ 的三边距离相等;

ⅱ SH 上任一点到三棱 SA, SB, SC 距离相等.

又过点 A 作直线 $AH_1 \perp$ 平面 SBC 于点 H_1,由于 AH, SH_1 的延长线都过 BC 的中点 D,则 AH_1, SH 为 $\triangle SAD$ 之二高,它们必交于垂心 O.根据上面结论,易证点 O 到正四面体六条棱的距离都等于 OD,故以 O 为圆心,OD 为半径之球即为所求的内切于棱之球.

注意到 SD 是 $\angle BSC$ 的平分线,故关于 BC 的旁切圆圆心 T 在 SD 的延长线上.在平面 SAD 上,过 T 作 $TP_s \parallel H_1O$,与 SH 之延长线交于点 P_s,由于 $OH_1 \perp$ 平面 SBC,则 $P_sT \perp$ 平面 SBC.而点 T 到 BC 及 SB, SC 的延长线距离相等(都等于 TD),则据引理 4,点 P_s 到 BC 及 SB, SC 的延长线距离也相等,又由于点 P_s 在直线 SH 上,由此可证 P_s 到线段 AB, BC, CA 及到棱 SA, SB, SC 的延长线距离都相等(即都等于 P_sD).因此,以 P_s 为心,P_sD 为半径的球是这个四面体的一个关于 $\triangle ABC$ 为底面的旁切于棱的球.

同理,分别考察正四面体 $ASBC$, $BSCA$ 和 $CSAB$,还可以依次得到关于底面 SBC, SCA 和 SAB 的另三个旁切于棱的球.

故对于正四面体,一定存在五个切于棱的球.至此,本题证毕.

第 4 届国际数学奥林匹克英文原题

The fourth IMO was held from July 5th to July 15th 1962 in the cities of Praga and Ceske Budejovice.

❶ Find the least positive integer n with the following properties:

a) the last digit of its decimal representation is 6.

b) by deleting the last digit 6 and replacing it in front of the remaining digits one obtains a number four times greater than the given number.

(Poland)

❷ Find real numbers x for which the following inequality holds
$$\sqrt{3-x}-\sqrt{x+1}>\frac{1}{2}$$

(Hungary)

❸ Let $ABCD\ A'B'C'D'$ be a cube such that $ABCD$ is the upper base and AA', BB', CC', DD' are lateral edges. The variable point P moves with a constant speed along the perimeter $ABCDA$ and the point Q moves with the same speed along the perimeter $B'C'CBB'$. Both points start to move simultaneously from initial points A and B'.

Find the locus of the midpoint of the segment PQ.

(Czechoslovakia)

❹ Solve the equation
$$\cos^2 x+\cos^2 2x+\cos^2 3x=1$$

(Romania)

❺ Let A,B,C be distinct points on a circle K. Draw with the line and the compasses fourth point D on the circle K such that a circle can be inscribed in the quadrilateral $ABCD$.

(Bulgaria)

6 Let ABC be an isosceles triangle and let r, R be the circumradius and inradius, respectively.

Prove that the distance between the circumcenter and the incenter is
$$d = \sqrt{r(r-2R)}$$

(East Germany)

7 Let $SABC$ be a tetrahedron such that there exist five spheres tangent to the edges SA, SB, SC, AB, BC, CA or to their extensions. Prove that:

a) The tetrahedron $SABC$ is regular.

b) Reciprocally, for any regular tetrahedron there exist such five spheres.

(USSR)

第4届国际数学奥林匹克各国成绩表

1962,捷克斯洛伐克

名次	国家或地区	分数（满分368）	奖牌			参赛队人数
			金牌	银牌	铜牌	
1.	匈牙利	289	2	3	2	8
2.	苏联	263	2	2	2	8
3.	罗马尼亚	257	—	3	3	8
4.	波兰	212	—	1	3	8
4.	捷克斯洛伐克	212	—	1	3	8
6.	保加利亚	196	—	1	2	8
7.	德意志民主共和国	153	—	1	—	8

第五编
第5届国际数学奥林匹克

第 5 届国际数学奥林匹克题解

波兰,1963

❶ 求方程
$$\sqrt{x^2-p}+2\sqrt{x^2-1}=x$$
的所有实根,其中 p 是一个实参数.

捷克斯洛伐克命题

解 若 $p<0$,则
$$\sqrt{x^2-p}+2\sqrt{x^2-1} \geqslant \sqrt{x^2-p} > x$$
在这种情形下原方程无解,故可设 $p \geqslant 0$.

原方程移项、平方,得
$$4(x^2-1)=x^2-2x\sqrt{x^2-p}+(x^2-p)$$
即
$$2x^2+p-4=-2x\sqrt{x^2-p}$$
将上式两边再平方,得
$$4x^4+4(p-4)x^2+(p-4)^2=4x^2(x^2-p) \Leftrightarrow$$
$$8px^2-16x^2+(p-4)^2=0 \Leftrightarrow$$
$$x^2=\frac{(p-4)^2}{8(2-p)}$$

因 x 为实数,故 $p<2$,即 $0 \leqslant p <2$. 所以
$$x=\frac{4-p}{\sqrt{8(2-p)}} \qquad ①$$

把上面求得的 x 值代入原方程并化简,得
$$|3p-4|=4-3p \Leftrightarrow 3p-4 \leqslant 0$$

故只有当 $0 \leqslant p \leqslant 4/3$ 时,原方程式有实根,所有根可由①给出.

❷ 直角的一边经过已知点 A,另一边与已知线段 BC 至少有一公共点. 求空间上该直角顶点的轨迹.

苏联命题

解法 1 所求的轨迹和点 A 及线段 BC 的相对位置有关,现在考察以下几种情况.

ⅰ A 在 BC 上,如图 5.1 所示. 分别以 AB 和 AC 为直径作二

球．这二球球面上和球内的点皆满足本题的条件，故即是所求的轨迹．

ⅱ A 在 BC 的延长线上，如图 5.2 所示．设 B 介于 A,C 二点之间，分别以 AB 和 AC 为直径作二球，则所求的轨迹是大球球面上的点，及在大球内但不在小球内的点，这是因为，如果 Q 是小球内的点，过 Q 作垂直于 AQ 的平面，那么这个平面和 AC 的交点是在 A,B 之间，而不在 BC 上．

ⅲ A 不在 BC 或其延长线上，如图 5.3 所示．以 AB 为直径作球 Σ_1，以 AC 为直径作球 Σ_2，则凡是在球面 Σ_1 或 Σ_2 上的点都属于所求的轨迹．这是因为，若 Y 是这样的点，则 $\angle AYB$（或 $\angle AYC$）是直角，又凡是在球 Σ_1（或 Σ_2）内而不在球 Σ_2（或 Σ_1）内的点都属于所求轨迹．事实上若 X 是这样的点，AX 的延长线交 Σ_1（或 Σ_2）于 Y_1（或 Y_2），则 $\angle AY_1B$（或 $\angle AY_2C$）是直角，而且过 X 且垂直于 AX 的平面和 BC 有公共点；但若 E 同时是 Σ_1 和 Σ_2 球内的点，则 AE 的延长线交 Σ_1（或 Σ_2）于 W_1（或 W_2），这时 $\angle AW_1C$（或 $\angle AW_2B$）虽为直角，但过 E 且垂直于 AE 的平面却不和 BC 相交（交点在 BC 的延长线上）．

综合上面三种情况可知若 K_1,K_2 表示 Σ_1,Σ_2 球内的点集，$\overline{K}_1,\overline{K}_2$ 表示 Σ_1,Σ_2 球内和球面上的点集，则所求的轨迹为
$$(\overline{K}_1 \cup \overline{K}_2)/(K_1 \cap K_2)$$

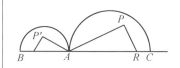

图 5.1

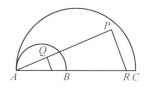

图 5.2

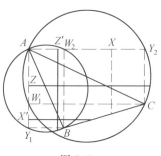

图 5.3

注 上面求得的轨迹，包括 BC 上的点，这样的点，可以看做无限接近于 BC 的点，这时 PR 的长度无限接近于 0，而 $\angle APR$ 仍是直角，但严格地说，所求的轨迹以减去 BC 上的点为宜．

解法 2 先求平面 ABC 上符合条件的点的轨迹．

若点 A 不在直线 BC 上，如图 5.4 所示，分别以线段 AB,AC 为直径作圆圆 O_1 与圆 O_2，则所求的轨迹是这两圆的内部区域（包括边界在内）除去两圆公共部分后所得的点集．如果用 K_1,K_2 分别表示两圆的内部区域（不包括边界），用 $\overline{K}_1,\overline{K}_2$ 分别表示两圆的内部区域（包括边界在内），则所求的轨迹可以表示为 $(\overline{K}_1 \cup \overline{K}_2)/(K_1 \cap K_2)$．下面我们来证明这个结论．

设 l 为过点 A 的任意一条直线，作线段 BC 在 l 上的正射影 B_lC_l，如图 5.5 所示．显然，线段 B_lC_l 上的任一点都符合条件（即可以作为符合题给条件的直角顶点），而在直线 l 上位于线段 B_lC_l 外的任一点都不符合条件．

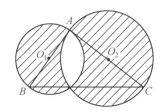

图 5.4

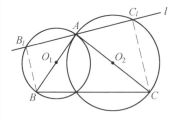

图 5.5

因为圆 O_1 与圆 O_2 分别是以 AB,AC 为直径的圆,它们就是通过 A,B 或通过 A,C 的直角顶点的轨迹,所以当直线 l 绕点 A 旋转时,点 B_l,C_l 相应地就画出了圆 O_1 与圆 O_2.当直线 l 与两圆之一相切时,B_l 或 C_l 就与点 A 重合;当直线 l 与两圆都不相切(即均相交)时,B_l,C_l 就分别是直线 l 和圆 O_1,圆 O_2 的另一个交点.

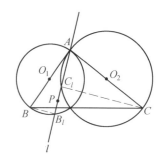

图 5.6

先证明在区域 $(\overline{K_1}\cup\overline{K_2})/(K_1\cap K_2)$ 内的任一点都符合条件.设 P 是这个区域内的任一点,那么它或者属于 $\overline{K_1}$ 而不属于 K_2(即 $P\in\overline{K_1}/K_2$),或者属于 $\overline{K_2}$ 而不属于 K_1(即 $P\in\overline{K_2}/K_1$).如果 $P\in\overline{K_1}/K_2$,过 P,A 两点作直线 l,与圆 O_1,圆 O_2 必相交,设另一交点分别为 B_l,C_l,这时点 P 必定在 A,B_l 两点之间,而 C_l 在线段 AP 上,如图 5.6 所示.或在 AP 的反向延长线上,如图 5.7 所示.总之,点 P 必定在 B_l 与 C_l 之间,即在线段 B_lC_l 上,所以点 P 符合条件.如果 $P\in\overline{K_2}/K_1$,同样可证点 P 符合条件.

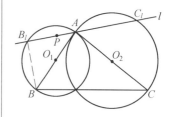

图 5.7

再证明区域 $(\overline{K_1}\cup\overline{K_2})/(K_1\cap K_2)$ 外部的任一点都不符合条件.设 P 是区域外部的任一点,那么它或者在两圆的外部,或者在两圆的公共部分.

如果点 P 在两圆 K_1,K_2 的外部,如图 5.8 所示,过 A,P 两点的直线 l 分别与两圆周相交于另一点 B_l,C_l,这时截得的线段 PC_l(或 PB_l)必定大于 B_lC_l,即点 P 在线段 B_lC_l 之外,因此点 P 不符合条件.

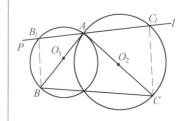

图 5.8

如果点 P 在两圆的公共部分,即 $P\in K_1\cap K_2$,如图 5.9 所示,过 A,P 作直线 l,显然,线段 AB_l 是 l 与 K_1 的交线,线段 AC_l 是 l 与 K_2 的交线,而 AP 在线段 AB_l 与 AC_l 的公共部分上,它必在线段 B_lC_l 外,所以点 P 不符合条件.

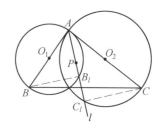

图 5.9

这样,我们证明了在区域 $(\overline{K_1}\cup\overline{K_2})/(K_1\cap K_2)$ 内的任一点都符合条件,而这个区域外的任一点都不符合条件.这就是说,$(\overline{K_1}\cup\overline{K_2})/(K_1\cap K_2)$ 是所求直角顶点的轨迹.

若点 A 在直线 BC 上,它可以看做上述一般情况的极限位置,所求的轨迹也是 $(\overline{K_1}\cup\overline{K_2})/(K_1\cap K_2)$,如图 5.10~5.12 所示.

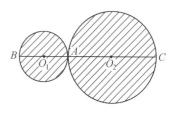

图 5.10

在三维空间中,所求直角顶点的轨迹是由上述平面 ABC 上的轨迹绕两圆的连心线 O_1O_2 旋转所得到的区域,即是以 AB,AC 为直径的两个球的内部(包括边界面在内)除去两球公共部分的所有点的集合.

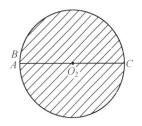

图 5.11

解法 3　设轨迹为 M,我们首先在一个平面内作考察.如图 5.13 所示,p 是过点 A 的某一直线,过线段 BC 上的任一点 Y 作 p 的垂线,交 p 于 X,则点 X 属于所求的轨迹 M.显然,对于固定的直线 p,所有的点 X 的轨迹构成一线段 $B'C'$,其端点 B',C' 分别为自 B,C 向 p 所作垂线的垂足.当直线 p 变动时,B' 和 C' 的轨迹是分别以 AB,AC 为直径的圆 G_1,G_2(当点 A 和 B 或 C 重合时,则变成一点 A),点 X 的轨迹 M 是这两个圆周 G_1,G_2,以及在一个圆的外部,同时又在另一个圆的内部的平面部分,即图 5.13 中的阴影部分.

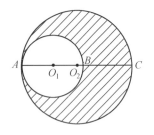

图 5.12

上面的结论不难推广到三维空间的情形:事实上,如果我们分别过 B,C 对所有的过点 A 的直线 p 作相应的垂直平面,那么交点的轨迹分别构成以 AB,AC 为直径的球面 K_1,K_2(当 A 和 B 或 C 重合时,则变成一点 A).由此,所求几何轨迹 M 是两个球面 K_1,K_2,以及在一个球面的外部,同时又在另一个球面的内部的空间部分.

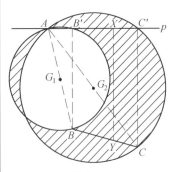

图 5.13

解法 4　仍然先限于一个平面内作考察.对于线段 BC 上的某一固定点 Y,显然点 X 的轨迹构成一个以 AY 为直径的圆 G.当点 Y 从点 B 运动至点 C 时,则圆心 G 在 $\triangle ABC$ 的中位线 G_1G_2 上从点 G_1 运动至点 G_2,直径从 $|AB|$ 连续变化至 $|AC|$.

不难证明,这些圆均属于以 AA' 为公共根轴的同轴圆系.这里,A' 是自 A 向直线 BC 所作垂线的垂足,如图 5.14 所示.由此推知,点 X 的轨迹 M 是圆周 G_1,G_2,以及在一个圆的外部,同时又在另一个圆的内部的平面部分.

与解法 1 相同,上述结果不难类推到三维空间中去.

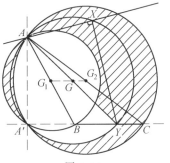

图 5.14

❸ 一个凸 n 边形的诸内角皆相等,而且各边的长度依次满足不等式
$$a_1 \geqslant a_2 \geqslant a_3 \geqslant \cdots \geqslant a_n$$
证明
$$a_1 = a_2 = a_3 = \cdots = a_n$$

匈牙利命题

证法 1 设 $n=2k+1$,在给定的凸 n 边形上,作 $\angle A_n A_1 A_2$ 的平分线 l,如图 5.15 所示.因诸内角相等,所以
$$\frac{1}{2}\angle A_1 + \angle A_2 + \cdots + \angle A_{k+1} = \frac{1}{2}\angle A_1 + \angle A_n + \cdots + \angle A_{k+2}$$
可知 $l \perp A_{k+1}A_{k+2}$.故折线 $A_1 A_2 A_3 \cdots A_{k+1}$ 和 $A_1 A_n A_{n-1} \cdots A_{k+2}$ 到 l 的射影长相等.

如果 $a_i > a_{i+1} (i \leqslant k)$ 成立,则 $a_i > a_{n+1-i}$(因为 $n+1-i > i+1$).因 $A_i A_{i+1}$ 和 l 及 $A_{n+2-i}A_{n+1-i}$ 和 l 所构成的角相等,$A_i A_{i+1}$(等于 a_i)在 l 上的射影就要大于 $A_{n+2-i}A_{n+1-i}(=a_{n+1-i_1})$ 在 l 上的射影.这样便和两折线在 l 上有等长的射影发生矛盾.如果 $a_i > a_{i-1} (n-1 \geqslant i \geqslant k)$ 成立,同样会发生矛盾.

设 $n=2k$.在这种情形下,$\angle A_n A_1 A_2$ 的平分线通过 A_{k+1},如图 5.16 所示.仿照 $n=2k+1$ 的情形作两折线在 l 上的射影讨论之.如果 $a_i > a_{i+1}$ 成立,同样会发生矛盾.

故不论 n 是奇数或偶数皆有
$$a_1 = a_2 = a_3 = \cdots = a_n$$

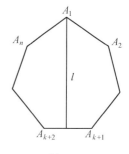

图 5.15

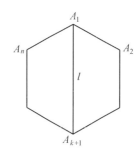

图 5.16

证法 2 设 $P_1 P_2 \cdots P_n$ 是已知的凸 n 边形,其中,$P_i P_{i+1} = a_i (i=1,2,\cdots,n; P_{n+1}$ 与 P_1 重合).

我们在 $P_1 P_2 \cdots P_n$ 所在的平面上,以 $P_i P_{i+1}$ 为基础,向凸 n 边形内作一个这样的等腰 $\triangle P_i P_{i+1} S_i$,使顶角 $\angle P_i S_i P_{i+1} = \dfrac{360°}{n}$.然后,再以 S_i 为圆心,$S_i P_i$ 为半径作圆 K_i,如图 5.17 所示.

现在我们考察圆 K_i 和圆 K_{i+1} 的关系:由于
$$\angle S_i P_{i+1} P_i = \angle S_{i+1} P_{i+1} P_{i+2} = \frac{1}{2}(180° - \frac{360°}{n}) = \frac{1}{2} \cdot \frac{(n-2)180°}{n}$$
而 $\angle P_i P_{i+1} P_{i+2} = \dfrac{(n-2)180°}{n}$(注意到 $P_1 P_2 \cdots P_n$ 的各角相等),故 S_{i+1} 在 $S_i P_{i+1}$ 上.

若 $a_i = a_{i+1}$,即 $P_i P_{i+1} = P_{i+1} P_{i+2}$,那么圆心 S_i 和 S_{i+1} 重合,因此圆 K_i 和 K_{i+1} 也重合.

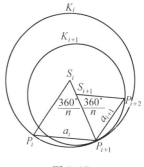

图 5.17

若 $a_i > a_{i+1}$，那么点 S_{i+1} 位于 S_i 和 P_{i+1} 之间，因此圆 K_i 和圆 K_{i+1} 在点 P_{i+1} 内切，圆 K_{i+1} 在圆 K_i 内部（除切点 P_{i+1} 外）.

这样，若有某一个 $a_i > a_{i+1}$ 成立，由 $a_1 \geqslant a_2 \geqslant \cdots \geqslant a_n$ 便可推知，圆 K_n（由边 P_nP_1 作出的）在圆 K_1 内部，且与圆 K_1 至多只一个公共点 P_n（仅在 $a_1 = a_2 = \cdots = a_{n-1} > a_n$，即圆 K_{n-1} 与圆 K_1 重合时才有可能），而点 P_1 在圆 K_1 内. 但圆 K_1 是由边 P_1P_2 作出的，故点 P_1 又必须在圆 K_1 上. 然而，这是不可能的.

由此，只能得到 $a_1 = a_2 = \cdots = a_n$，于是问题得证.

❹ 解方程组

$$\begin{cases} x_5 + x_2 = yx_1 & \text{①} \\ x_1 + x_3 = yx_2 & \text{②} \\ x_2 + x_4 = yx_3 & \text{③} \\ x_3 + x_5 = yx_4 & \text{④} \\ x_4 + x_1 = yx_5 & \text{⑤} \end{cases}$$

苏联命题

解法 1 不论 y 取什么值，$x_1 = x_2 = x_3 = x_4 = x_5 = 0$ 显然都满足该方程组. 这是所谓平凡解.

现在我们要求该方程组的非平凡解. 把给定的五个方程相加，得
$$(x_1 + x_2 + x_3 + x_4 + x_5)(y - 2) = 0$$
从而得 $\qquad x_1 + x_2 + x_3 + x_4 + x_5 = 0$
或 $\qquad\qquad\qquad\qquad y = 2$

若 $y = 2$，则自 ②，③ 得
$$x_2 + x_3 = x_1 + x_4$$
又自 ⑤ 得 $\qquad x_1 + x_4 = 2x_5$
所以 $\quad x_1 + x_2 + x_3 + x_4 + x_5 = 2(x_1 + x_4) + x_5 = 5x_5$

把未知数的下标循环替换，即 $x_1 \to x_2 \to x_3 \to x_4 \to x_5 \to x_1$，原方程组不变，可知对于任意 $j(j = 1, 2, 3, 4, 5)$，皆有
$$x_1 + x_2 + x_3 + x_4 + x_5 = 5x_j$$
所以 $x_1 = x_2 = x_3 = x_4 = x_5 = k$，$k$ 是任意常数.

若 $y \neq 2$，由方程组消去 x_3, x_4, x_5 可得
$$(y^2 + y - 1)(x_2 - x_1) = 0 \qquad\qquad ⑥$$
$$(y^2 + y - 1)(x_2 + x_1 - yx_1) = 0 \qquad\qquad ⑦$$
若 $y^2 + y - 1 \neq 0$，则自 ⑥ 得 $x_1 = x_2$，代入 ⑦ 得
$$(y - 2)x_1 = 0 \Leftrightarrow x_1 = 0$$
从而得 $\qquad x_2 = 0, x_3 = x_4 = x_5 = 0$
这即是前面所得的平凡解.

若 $y^2+y-1=0$，则 x_1,x_2 可取任意值. x_3,x_4,x_5 值可用 $y^2+y-1=0$ 的根及 x_1,x_2 表示，即
$$x_3 = rx_2 - x_1$$
$$x_4 = (r^2-1)x_2 - rx_1$$
$$x_5 = rx_1 - x_2$$
其中，$r = \dfrac{-1+\sqrt{5}}{2}$ 或 $\dfrac{-1-\sqrt{5}}{2}$，是 $y^2+y-1=0$ 的根.

解法 2 如果我们定义
$$x_{k+5} = x_k, k=0,1,2,\cdots$$
则原方程组中每一方程皆可用下式表示
$$x_{n+1} = -x_{n-1} + yx_n \qquad \text{⑧}$$
这是所谓二阶递推方程. 要解这个方程，我们引进矩阵 T 和向量 v_n 如下，即
$$T = \begin{pmatrix} 0 & 1 \\ -1 & y \end{pmatrix}, v_n = \begin{pmatrix} x_n \\ x_{n+1} \end{pmatrix}, n=1,2,\cdots$$
当 $n=5$ 时有
$$v_5 = \begin{pmatrix} x_5 \\ x_6 \end{pmatrix} = \begin{pmatrix} x_0 \\ x_1 \end{pmatrix} = v_0$$
于是 ⑧ 可写成矩阵方程
$$v_{n+1} = Tv_n \qquad \text{⑨}$$
从而得
$$v_0 = v_5 = Tv_4 = T(Tv_3) = T^2v_3 = T^3v_2 = T^4v_1 = T^5v_0 \qquad \text{⑩}$$

若向量 v 和数 λ 满足方程 $Mv = \lambda v$，其中 M 是正方矩阵，则 v 叫做 M 的特征向量，λ 叫做 M 的特征值. 故自 ⑩ 知 v_0 是 T^5 的特征向量，其相应的特征值为 1.

若 t 是 T 的特征值，则 $Tv = tv$，即
$$(T - tI)v = 0$$
其中，$I = \begin{pmatrix} 1 & 0 \\ 0 & 1 \end{pmatrix}$ 是单位矩阵. 这样就得到如下的特征方程
$$\det(T - tI) = \begin{vmatrix} -t & 1 \\ 1 & y-t \end{vmatrix} = t^2 - yt + 1 = 0$$
所以
$$y = t + \frac{1}{t} \qquad \text{⑪}$$
自 ⑩ 并根据线性代数定理，知
$$t \text{ 是 } T \text{ 的特征值} \Leftrightarrow t^5 = 1$$
解右边的方程得

$$t = \cos\frac{2k\pi}{5} + \mathrm{i} \cdot \sin\frac{2k\pi}{5}, k = 0, 1, 2, 3, 4$$

若 $k=0$,则 $t=1$,由 ⑪ 得 $y=2$ 而各 x_i 都相等.

若 $k \neq 0$,则 $t \neq 1$,由 $t^5 = 1$ 得
$$t^4 + t^3 + t^2 + t + 1 = 0 \qquad ⑫$$

由 ⑪ 及 ⑫ 得
$$y^2 + y = (t^2 + 2 + \frac{1}{t^2}) + (t + \frac{1}{t}) =$$
$$\frac{1}{t^2}(t^4 + 2t^2 + 1 + t^3 + t) =$$
$$\frac{1}{t^2}((t^4 + t^3 + t^2 + t + 1) + t^2) = 1$$

于是得到和解法 1 相同的关于 y 的二次方程
$$y^2 + y - 1 = 0$$
由此各 x_i 可依解法 1 的方程求得.

解法 3 由题显然,对于任意的 y 值,$x_1 = x_2 = x_3 = x_4 = x_5 = 0$ 是方程的一组解.下面我们再求非平凡解(即至少有一个 $x_i \neq 0, i = 1, 2, \cdots, 5$).

由 ①,⑤ 分别得
$$x_2 = yx_1 - x_5 \qquad ⑬$$
$$x_4 = yx_5 - x_1 \qquad ⑭$$

而由 ②,④ 分别得
$$x_3 = yx_2 - x_1 \qquad ⑮$$
$$x_3 = yx_4 - x_5 \qquad ⑯$$

将 ⑬,⑭ 分别代入 ⑮,⑯,得
$$x_3 = (y^2 - 1)x_1 - yx_5 \qquad ⑰$$
$$x_3 = (y^2 - 1)x_5 - yx_1 \qquad ⑱$$

所以 $(y^2 - 1)x_1 - yx_5 = (y^2 - 1)x_5 - yx_1$

即
$$(y^2 + y - 1)(x_1 - x_5) = 0 \qquad ⑲$$

若 $y^2 + y - 1 \neq 0$,得
$$x_1 - x_5 = 0$$
即
$$x_1 = x_5$$

类似地,只要循环地变换方程的编号与未知数的足码,可得 $x_1 = x_2 = x_3 = x_4 = x_5$.当 $x_i \neq 0$ 时,代入原方程组中任何一个方程,可得 $y = 2$.不难检验,当 $y = 2$ 时,$x_1 = x_2 = x_3 = x_4 = x_5 \neq 0$ 是原方程组的非平凡解.而当 $y^2 + y - 1 \neq 0, y \neq 2$ 时,原方程组只有平凡解:$x_1 = x_2 = x_3 = x_4 = x_5 = 0$.

若 $y^2+y-1=0$,即 $y^2-1=-y$,代入方程 ⑰ 或 ⑱ 可得同样的方程
$$x_3=-y(x_1+x_5) \qquad ⑳$$

这时,方程 ⑬,⑭,⑳ 就等价于方程 ①,②,④,⑤.并且我们还可以证明:方程 ⑬,⑭,⑳ 的任一组解必定满足 ③.事实上,由 ⑬,⑭ 得
$$x_2+x_4=(y-1)(x_1+x_5)$$
而由 ⑳ 得
$$yx_3=-y^2(x_1+x_5)$$
由于 $y^2+y-1=0$,即 $y-1=-y^2$,故有
$$x_2+x_4=yx_3$$

因此,当 $y^2+y-1=0$,即 $y=\dfrac{-1\pm\sqrt{5}}{2}$ 时,原方程组等价于三个方程 ⑬,⑭,⑳,我们可以任意取 x_1,x_5 的值,再由 ⑬ 确定 x_2,由 ⑭ 确定 x_4,由 ⑳ 确定 x_3.

总之,原方程组的解为:

(1) 当 $y\neq\dfrac{-1\pm\sqrt{5}}{2}$,$y\neq 2$ 时,只有平凡解
$$x_1=x_2=x_3=x_4=x_5=0$$

(2) 当 $y=2$ 时,$x_1=x_2=x_3=x_4=x_5=k$,k 可取任意值;

(3) 当 $y=\dfrac{-1\pm\sqrt{5}}{2}$ 时,可任意取 x_1,x_5 的值,则
$$x_2=yx_1-x_5,\ x_3=-y(x_1+x_5),\ x_4=yx_5-x_1$$

❺ 证明

$$\cos\dfrac{\pi}{7}-\cos\dfrac{2\pi}{7}+\cos\dfrac{3\pi}{7}=\dfrac{1}{2}$$

民主德国命题

证法 1 因为
$$\cos\dfrac{2\pi}{7}=-\cos(\pi-\dfrac{2\pi}{7})=-\cos\dfrac{5\pi}{7}$$
所以
$$\cos\dfrac{\pi}{7}-\cos\dfrac{2\pi}{7}+\cos\dfrac{3\pi}{7}=\cos\dfrac{\pi}{7}+\cos\dfrac{3\pi}{7}+\cos\dfrac{5\pi}{7} \qquad ①$$

因为
$$\sin\dfrac{\pi}{7}\cdot\cos\dfrac{\pi}{7}=\dfrac{1}{2}\sin\dfrac{2\pi}{7}$$
$$\sin\dfrac{\pi}{7}\cdot\cos\dfrac{3\pi}{7}=\dfrac{1}{2}(\sin\dfrac{4\pi}{7}-\sin\dfrac{2\pi}{7})$$
$$\sin\dfrac{\pi}{7}\cdot\cos\dfrac{5\pi}{7}=\dfrac{1}{2}(\sin\dfrac{6\pi}{7}-\sin\dfrac{4\pi}{7})$$

所以

$$\sin\frac{\pi}{7}(\cos\frac{\pi}{7}+\cos\frac{3\pi}{7}+\cos\frac{5\pi}{7})=\frac{1}{2}\sin\frac{6\pi}{7} \qquad ②$$

自①,②得

$$\cos\frac{\pi}{7}-\cos\frac{2\pi}{7}+\cos\frac{3\pi}{7}=\frac{1}{2}\sin\frac{6\pi}{7}\Big/\sin\frac{\pi}{7}=$$

$$\frac{1}{2}\sin(\pi-\frac{6\pi}{7})\Big/\sin\frac{\pi}{7}=$$

$$\frac{1}{2}\sin\frac{\pi}{7}\Big/\sin\frac{\pi}{7}=\frac{1}{2}$$

证法 2 以 $2\cos\frac{\pi}{14}$ 乘原式左边并利用公式

$$2\cos\alpha\cdot\cos\beta=\cos(\alpha+\beta)+\cos(\alpha-\beta)$$

得

$$2\cos\frac{\pi}{14}(\cos\frac{\pi}{7}-\cos\frac{2\pi}{7}+\cos\frac{3\pi}{7})=$$

$$(\cos\frac{3\pi}{14}+\cos\frac{\pi}{14})-(\cos\frac{5\pi}{14}+\cos\frac{3\pi}{14})+(\cos\frac{7\pi}{14}+\cos\frac{5\pi}{14})=$$

$$\cos\frac{\pi}{14}+\cos\frac{\pi}{2}=\cos\frac{\pi}{14}$$

由于 $\cos\frac{\pi}{14}\neq 0$,立刻可以推得所求证的等式.

证法 3 方程 $x^7-1=0$ 的七个根为

$$\cos\frac{2k\pi}{7}+\mathrm{i}\cdot\sin\frac{2k\pi}{7},k=0,1,2,\cdots,6$$

因为这七个根的和等于 0,其实数部分的和亦必等于零.

所以

$$1+\cos\frac{2\pi}{7}+\cos\frac{4\pi}{7}+\cos\frac{6\pi}{7}+\cos\frac{8\pi}{7}+\cos\frac{10\pi}{7}+\cos\frac{12\pi}{7}=0$$

$$\qquad ③$$

应用关系式

$$\cos\theta=\cos(2\pi-\theta)=-\cos(\pi-\theta)$$

得

$$\cos\frac{4\pi}{7}=\cos\frac{10\pi}{7}=-\cos\frac{3\pi}{7}$$

$$\cos\frac{6\pi}{7}=\cos\frac{8\pi}{7}=-\cos\frac{\pi}{7}$$

$$\cos\frac{12\pi}{7}=\cos\frac{2\pi}{7}$$

代入③得 $1+2(\cos\frac{2\pi}{7}-\cos\frac{3\pi}{7}-\cos\frac{\pi}{7})=0$

即

$$\cos\frac{\pi}{7}-\cos\frac{2\pi}{7}+\cos\frac{3\pi}{7}=\frac{1}{2}$$

证法 4 利用一个熟知的结论:在 $\triangle ABC$ 中,$\angle A = 2\angle B$ 成立的充要条件为 $a^2 = b^2 + bc$,借此可证明在 $\triangle ABC$ 中,$\angle A : \angle B : \angle C = 1 : 2 : 4$,则

$$\cos\frac{\pi}{7} = \frac{b}{2a}, \cos\frac{2\pi}{7} = \frac{c}{2b}, \cos\frac{4\pi}{7} = -\frac{a}{2c}$$

$$\angle B = 2\angle A \Rightarrow b^2 - a^2 = ac \qquad ④$$

$$\angle C = 2\angle B \Rightarrow c^2 - b^2 = ab \qquad ⑤$$

④ + ⑤ 得 $\qquad c^2 - a^2 = bc$

由 $\angle A : \angle B : \angle C = 1 : 2 : 4$ 得

$$\angle A = \frac{\pi}{7}, \angle B = \frac{2\pi}{7}, \angle C = \frac{4\pi}{7}$$

由正弦定理得 $a/\sin A = b/\sin B$,即

$$\frac{a}{\sin\frac{\pi}{7}} = \frac{b}{\sin\frac{2\pi}{7}} = \frac{c}{\sin\frac{4\pi}{7}}$$

所以 $\qquad \cos\frac{\pi}{7} = \frac{b}{2a}$

同理可得 $\qquad \cos\frac{2\pi}{7} = \frac{c}{2b}, \cos\frac{4\pi}{7} = -\frac{a}{2c}$

$$\cos\frac{\pi}{7} - \cos\frac{2\pi}{7} + \cos\frac{3\pi}{7} = \frac{b}{2a} - \frac{c}{2b} + \frac{a}{2c} = \frac{1}{2}\left(\frac{b^2 - ac}{ab} + \frac{a}{c}\right) =$$
$$\frac{1}{2}\left(\frac{a^2}{ab} + \frac{a}{c}\right) = \frac{1}{2}\left(\frac{a}{b} + \frac{a}{c}\right) =$$
$$\frac{1}{2}\left(\frac{ac + ab}{bc}\right) \qquad ⑥$$

再由 ④,⑤ 相加得

$$c^2 = ac + ab + a^2 = a(a + b + c)$$

所以 $\qquad \dfrac{1}{a} = \dfrac{a+b+c}{c^2} = \dfrac{a+b}{c^2} + \dfrac{1}{c} = \dfrac{a+b}{ab+b^2} + \dfrac{1}{c} \Rightarrow$

$$\frac{1}{a} = \frac{1}{b} + \frac{1}{c} \Rightarrow bc = ac + ab$$

代入 ⑥ 中即得

$$\cos\frac{\pi}{7} - \cos\frac{2\pi}{7} + \cos\frac{3\pi}{7} = \frac{1}{2}$$

推广   *此推广属于宋庆*

命题 对 $k = 1, 3, 5$,有

$$\cos^k\frac{\pi}{7} + \cos^k\frac{3\pi}{7} + \cos^k\frac{5\pi}{7} = \frac{1}{2} \qquad ⑦$$

显然,$k = 1$ 时,式 ⑦ 即为式 ①,下面证明 $k = 3, 5$ 时,式 ⑦ 成立.

证明 因为

$$4\cos^3\alpha = \cos 3\alpha + 3\cos\alpha$$
$$16\cos^5\alpha = \cos 5\alpha + 5\cos 3\alpha + 10\cos\alpha$$

所以

$$\cos^3\frac{\pi}{7} + \cos^3\frac{3\pi}{7} + \cos^3\frac{5\pi}{7} = \frac{1}{4}(\cos\frac{3\pi}{7} + \cos\frac{9\pi}{7} + \cos\frac{15\pi}{7}) +$$
$$\frac{3}{4}(\cos\frac{\pi}{7} + \cos\frac{3\pi}{7} + \cos\frac{5\pi}{7}) =$$
$$\cos\frac{\pi}{7} + \cos\frac{3\pi}{7} + \cos\frac{5\pi}{7} = \frac{1}{2}$$

$$\cos^5\frac{\pi}{7} + \cos^5\frac{3\pi}{7} + \cos^5\frac{5\pi}{7} = \frac{1}{16}(\cos\frac{5\pi}{7} + \cos\frac{15\pi}{7} + \cos\frac{25\pi}{7}) +$$
$$\frac{5}{16}(\cos\frac{3\pi}{7} + \cos\frac{9\pi}{7} + \cos\frac{15\pi}{7}) +$$
$$\frac{10}{16}(\cos\frac{\pi}{7} + \cos\frac{3\pi}{7} + \cos\frac{5\pi}{7}) =$$
$$\cos\frac{\pi}{7} + \cos\frac{3\pi}{7} + \cos\frac{5\pi}{7} = \frac{1}{2}$$

综上，命题获证．

❻ 五个学生 A,B,C,D,E 参加一次比赛,有人试图猜测这次比赛的结果．甲猜测的名次顺序是 ABCDE,他没有猜中任何一个学生的名次,也没有猜中任何一对相邻名次学生的名次的顺序关系．乙猜测的名次顺序是 DAECB,他猜中了两个学生的名次,又猜中了两对相邻名次顺序关系(这两对相邻名次顺序关系,不包括共同的名次)．试问这次比赛结果的名次是怎样的？

匈牙利命题

解法 1 若在一对被猜中的相邻名次顺序关系中,有一个名次被猜中,则显然两个名次全部被猜中,所以乙所猜中的两个名次,必是被他所猜中的两对顺序关系中的某一对．

如果是第二、三名 AE(或第三、四名 EC)被猜中,则另一对被猜中的顺序关系必是第四、五名 CB(或第一、二名 DA),于是全部都被猜中,故不合．可能的情形,只有以下两种．

ⅰ 第一、二名 DA 被猜中.

在这种情形下,可能的名次顺序为

DACBE,DACEB,DABCE,DAEBC,DABEC,DAECB

前三个名次顺序使甲猜中一个名次；末一个名次顺序使乙全猜中；其余两个名次顺序使甲猜中一对顺序关系．皆不合．

ⅱ 第四、五名 CB 被猜中.

在这种情形下,除 DAECB 已在 ⅰ 中说过不合外,其他的可

能名次顺序为

$$\text{ADECB, AEDCB, DEACB, EDACB, EADCB}$$

前三个名次顺序,使甲猜中一个名次;末一个名次顺序使乙只猜中一对顺序关系. 皆不合. 所剩下的名次是 EDACB. 这即是这次比赛的结果.

解法 2 显然,如果在一对相邻名次的学生中,有一个的名次是正确的,那么另一个的名次也必定是正确的. 分析乙猜想的名次顺序:DAECB,有如下两方面的结论.

第一,他猜中的两对相邻名次的学生中,必定有一对的名次也是正确的. 因为如若不然,被他猜中名次的两个学生中,至少有一个属于猜中相邻名次中的某一对,这一对的另一个学生的名次也将是正确的,这样乙至少要猜中三个学生的名次,与题给的条件不符.

第二,这一对猜中名次的学生只可能位于边缘(即第一、二名或第四、五名). 因为如若不然,即这一对名次位于中间(第二、三名或第三、四名),那么另一对猜中的相邻名次只有唯一的可能(第四、五名或第一、二名),从而另一对学生的名次也是正确的,这也与题给的条件不符.

因此,乙的猜想只有下列四种可能:

ⅰ $\overline{\underline{DA}}\,ECB$;

ⅱ $\overline{DA}\,E\,\overline{CB}$;

ⅲ $\overline{DA}\,E\,\overline{CB}$;

ⅳ $D\,\overline{AE}\,\overline{CB}$.

这里字母上面一划表示名次是正确的,字母下面一划表示相邻的名次是正确的.

下面我们分别对这四种可能情况,对照甲的猜想予以检查、分析,找出比赛的实际结果.

ⅰ $\overline{\underline{DA}}\,ECB$,B 不可能在最后(否则成为乙全部猜中),而应在第三名,即只可能有 $\overline{\underline{DA}}BEC$. 但这时 A,B 两学生的名次是相邻的,与甲"没有猜中任何一对相邻名次学生的名次的顺序关系"不符,因此,这是不可能的.

ⅱ $\overline{DA}\,E\,CB$,和 ⅰ 一样,E 不可能在第三名,即只可能有 $\overline{DA}\,CBE$. 而这时学生 C 为第三名,与甲"没有猜中任何一个学生的名次"不符,所以这也是不可能的.

ⅲ $\overline{DAE}\,\overline{CB}$,同理 E 不可能在第三名,即只可能有 $EDA\,\overline{CB}$,与甲的猜想的名次顺序相对照,完全符合题给的条件,所以实际比赛的结果可能为 EDACB.

iv D AE $\overline{\text{CB}}$,同理 D 不可能在第一名,即只可能 AED $\overline{\text{CB}}$,这时学生 A 为第一名,也与甲"没有猜中任何一个学生的名次"不符,所以这也是不可能的.

综上所述,比赛的实际结果,五个学生的名次顺序为

$$EDACB$$

解法 3 设有五个元素的全排列:$x_1x_2x_3x_4x_5$,我们使其中的两个元素的位置不变,其他三个元素的位置全部重新排列,并观察其中有无两对相邻的元素仍取原来排列中相邻的元素所取的顺序

$$x_1x_2, x_2x_3, x_3x_4, x_4x_5$$

容易验证,若按下列形式排列,即

$$x_1 * x_3 * *, x_1 * * x_4 *, x_1 * * * x_5, * x_2 x_3 * *$$
$$* x_2 * x_4 *, * x_2 * * x_5, * * x_3 x_4 *, * * x_3 * x_5$$

则不存在两对相邻的元素同时取上列的顺序. 于是,仅有下面两种排列,就是开头两个或最后两个元素位置不变的排列,可能存在某两对相邻的元素同时取前列的顺序,即

$$x_1 x_2 * * *, * * * x_4 x_5$$

根据上面的结论,由乙猜测的结果分析,实际比赛结果只可能是

$$DA * * *, * * * CB$$

第一种情形有下述可能性,即

DACBE, DACEB, DABCE, DABEC, DAEBC, DAECB

通过和甲的猜测比较,第 1,2,3,4,5 种都是不可能的;第 6 种就是乙的猜测,同样也是不可能的.

第二种情形有下述可能性,即

ADECB, AEDCB, DAECB, DEACB, EADCB, EDACB

与前一种情形的分析一样,第 1,2,3,4 种都是不可能的;第 5 种与乙的猜测比较,只有一对相邻元素 CB 的顺序相同,同样是不可能的.

由此,只剩下第 6 种排列,即 EDACB. 容易验证,它恰好是问题的解.

第 5 届国际数学奥林匹克英文原题

The fifth IMO was from July 5th to July 13th 1963 in the cities of Wroclaw and Warsaw.

❶ Find all real roots of the equation
$$\sqrt{x^2-p}+2\sqrt{x^2-1}=x$$
p being a real parameter. (Czechoslovakia)

❷ Let A be a point and BC be a segment in the space. Find the locus of the vertex P of a right angle $\angle APM$, where M is a variable point inside the segment BC. (USSR)

❸ All angles of a convex polygon are equal and its sides $a_1, a_2, \cdots, a_n$ taken in this order, satisfy the inequalities
$$a_1 \geqslant a_2 \geqslant \cdots \geqslant a_n.$$
Show that $a_1 = a_2 = \cdots = a_n$. (Hungary)

❹ Find all real solutions of the system
$$x_5 + x_2 = yx_1$$
$$x_1 + x_3 = yx_2$$
$$x_2 + x_4 = yx_3$$
$$x_3 + x_5 = yx_4$$
$$x_4 + x_1 = yx_5$$
where y is a real parameter. (USSR)

❺ Show that
$$\cos\frac{\pi}{7}-\cos\frac{2\pi}{7}+\cos\frac{3\pi}{7}=\frac{1}{2}$$
(East Germany)

❻ In a competition there are five competitors, say A, B, C, D, E. Someone supposes that the final classification will be A, B, C, D, E and a second person supposes the final classification: D, A, E, C, B. After the competition came to its end it is found that the first person did not guess the correct rank for any participant and any pair of consecutively ranked competitors. The second person has been correctly indicate last two classified competitors and two pairs of consecutively ranked competitors.

Find the final classification of the competition.

(Hungary)

第 5 届国际数学奥林匹克各国成绩表

1963,波兰

名次	国家或地区	分数（满分 320）	奖牌			参赛队人数
			金牌	银牌	铜牌	
1.	苏联	271	4	3	1	8
2.	匈牙利	234	—	5	3	8
3.	罗马尼亚	191	1	1	3	8
4.	南斯拉夫	162	1	2	1	8
5.	捷克斯洛伐克	151	1	—	1	8
6.	保加利亚	145	—	—	3	8
7.	德意志民主共和国	140	—	—	3	8
8.	波兰	134	—	—	2	8

附 录
IMO 背景介绍

第1章 引 言

第1节 国际数学奥林匹克

国际数学奥林匹克(IMO)是高中学生最重要和最有威望的数学竞赛.它在全面提高高中学生的数学兴趣和发现他们之中的数学尖子方面起着重要作用.

在开始时,IMO 是(范围和规模)要比今天小得多的竞赛.在1959年,只有7个国家参加第一届 IMO,它们是:保加利亚,捷克斯洛伐克,民主德国,匈牙利,波兰,罗马尼亚和苏联.从此之后,这一竞赛就每年举行一次.渐渐的,东方国家,西欧国家,直至各大洲的世界各地许多国家都加入进来(唯一的一次未能举办竞赛的年份是1980年,那一年由于财政原因,没有一个国家有意主持这一竞赛.今天这已不算一个问题,而且主办国要提前好几年排队).到第45届在雅典举办 IMO 时,已有不少于85个国家参加.

竞赛的形式很快就稳定下来并且以后就不变了.每个国家可派出6个参赛队员,每个队员都单独参赛(即没有任何队友协助或合作).每个国家也派出一位领队,他参加试题筛选并和其队员隔离直到竞赛结束,而副领队则负责照看队员.

IMO 的竞赛共持续两天.每天学生们用四个半小时解题,两天总共要做6道题.通常每天的第一道题是最容易的而最后一道题是最难的,虽然有许多著名的例外(IMO1996—5 是奥林匹克竞赛题中最难的问题之一,在700个学生中,仅有6人做出来了这道题!).每题7分,最高分是42分.

每个参赛者的每道题的得分是激烈争论的结果,并且,最终,判卷人所达成的协议由主办国签名,而各国的领队和副领队则捍卫本国队员的得分公平和利益不受损失.这一评分体系保证得出的成绩是相对客观的,分数的误差极少超过2或3点.

各国自然地比较彼此的比分,只设个人奖,即奖牌和荣誉奖,在 IMO 中仅有少于 $\frac{1}{12}$ 的参赛者被授予金牌,少于 $\frac{1}{4}$ 的参赛者被授予金牌或银牌以及少于 $\frac{1}{2}$ 的参赛者被授予金牌,银牌或者铜牌.在没被授予奖牌的学生之中,对至少有一个问题得满分的那些人授予荣誉奖.这一确定得奖的系统运行的相当完好.一方面它保证有严格的标准并且对参赛者分出适当的层次使得每个参赛者有某种可以尽力争取的目标.另一方面,它也保证竞赛有不依赖于竞赛题的难易差别的很大程度的宽容度.

根据统计,最难的奥林匹克竞赛是1971年,然后依次是1996年,1993年和1999年.得分最低的是1977年,然后依次是1960年和1999年.

竞赛题的筛选分几步进行.首先参赛国向 IMO 的主办国提交他们提出的供选择用的候选题,这些问题必须是以前未使用过的,且不是众所周知的新鲜问题.主办国不提出备选问题.命题委员会从所收到的问题(称为长问题单,即第一轮预选题)中选出一些问题(称为短问题单)提交由各国领队组成的 IMO 裁判团,裁判团再从第二轮预选题中选出 6 道题作为 IMO 的竞赛题.

除了数学竞赛外,IMO 也是一次非常大型的社交活动.在竞赛之后,学生们有三天时间享受主办国组织的游览活动以及与世界各地的 IMO 参加者们互动和交往.所有这些都确实是令人难忘的体验.

第 2 节 IMO 竞赛

已出版了很多 IMO 竞赛题的书[65].然而除此之外的第一轮预选题和第二轮预选题尚未被系统加以收集整理和出版,因此这一领域中的专家们对其中很多问题尚不知道.在参考文献中可以找到部分预选题,不过收集的通常是单独某年的预选题.参考文献[1],[30],[41],[60]包括了一些多年的问题.大体上,这些书包括了本书的大约 50% 的问题.

本书的目的是把我们全面收集的 IMO 预选题收在一本书中.它由所有的预选题组成,包括从第 10 届以及第 12 届到第 44 届的第二轮预选题和第 19 届竞赛中的第一轮预选题.我们没有第 9 届和第 11 届的第二轮预选题,并且我们也未能发现那两届 IMO 竞赛题是否是从第一轮预选题选出的或是否存在未被保存的第二轮预选题.由于 IMO 的组织者通常不向参赛国的代表提供第一轮预选题,因此我们收集的题目是不全的.在 1989 年题目的末尾收集了许多分散的第一轮预选题,以后有效的第一轮预选题的收集活动就结束了.前八届的问题选取自参考文献[60].

本书的结构如下:如果可能的话,在每一年的问题中,和第一轮预选题或第二轮预选题一起,都单独列出了 IMO 竞赛题.对所有的第二轮预选题都给出了解答.IMO 竞赛题的解答被包括在第二轮预选题的解答中.除了在南斯拉夫举行的两届 IMO(由于爱国原因)之外,对第一轮预选题未给出解答,由于那将使得本书的篇幅不合理的加长.由所收集的问题所决定,本书对奥林匹克训练营的教授和辅导教练是有益的和适用的.通过在题号上附加 LL,SL,IMO 我们指出了题目的年号,是属于第一轮预选题,第二轮预选题还是竞赛题,例如(SL89—15)表示这道题是 1989 年第二轮预选题的第 15 题.

我们也给出了一个在我们的证明中没有明显地引用和导出的所有公式和定理一个概略的列表.由于我们主要关注仅用于本书证明中的定理,我们相信这个列表中所收入的都是解决 IMO 问题时最有用的定理.

在一本书中收集如此之多的问题需要大量的编辑工作,我们对原来叙述不够确切和清楚的问题作了重新叙述,对原来不是用英语表达的问题做了翻译.某些解答是来自者和其他资源,而另一些解是本书作者所做.

许多非原始的解答显然在收入本书之前已被编辑.我们不能保证本书的问题完全地对应于实际的第一轮预选题或第二轮预选题的名单.然而我们相信本书的编辑已尽可能接近于原来的名单.

第 2 章 基本概念和事实

下面是本书中经常用到的概念和定理的一个列表. 我们推荐读者在(也许)进一步阅读其他文献前首先阅读这一列表并熟悉它们.

第 1 节 代 数

2.1.1 多项式

定理 2.1 二次方程 $ax^2 + bx + c = 0 (a, b, c \in \mathbf{R}, a \neq 0)$ 有解

$$x_{1,2} = \frac{-b \pm \sqrt{b^2 - 4ac}}{2}$$

二次方程的判别式 D 定义为 $D^2 = b^2 - 4ac$, 当 $D < 0$ 时, 解是复数, 并且是共轭的, 当 $D = 0$ 时, 解退化成一个实数解, 当 $D > 0$ 时, 方程有两个不同的实数解.

定义 2.2 二项式系数 $\binom{n}{k}$, $n, k \in \mathbf{N}_0$, $k \leqslant n$ 定义为

$$\binom{n}{k} = \frac{n!}{i!\,(n-i)!}$$

对 $i > 0$, 它们满足

$$\binom{n}{i} + \binom{n}{i-1} = \binom{n+1}{i}$$

以及

$$\binom{n}{0} + \binom{n}{1} + \cdots + \binom{n}{n} = 2^n$$

$$\binom{n}{0} - \binom{n}{1} + \cdots + (-1)^n \binom{n}{n} = 0$$

$$\binom{n+m}{k} = \sum_{i=0}^{k} \binom{n}{i} \binom{m}{k-i}$$

定理 2.3 ((Newton) 二项式公式) 对 $x, y \in \mathbf{C}$ 和 $n \in \mathbf{N}$

$$(x+y)^n = \sum_{i=0}^{n} \binom{n}{i} x^{n-i} y^i$$

定理 2.4 (Bezout(裴蜀)定理) 多项式 $P(x)$ 可被二项式 $x - a (a \in \mathbf{C})$ 整除的充分必要条件是 $P(a) = 0$.

定理 2.5 (有理根定理) 如果 $x = \dfrac{p}{q}$ 是整系数多项式 $P(x) = a_n x^n + \cdots + a_0$ 的根, 且 $(p, q) = 1$, 则 $p \mid a_0$, $q \mid a_n$.

定理 2.6 (代数基本定理) 每个非常数的复系数多项式有一个复根.

定理 2.7 （Eisenstein(爱森斯坦) 判据）设 $P(x)=a_nx^n+\cdots+a_1x+a_0$ 是一个整系数多项式,如果存在一个素数 p 和一个整数 $k\in\{0,1,\cdots,n-1\}$,使得 $p\mid a_0,a_1,\cdots,a_k$, $p\nmid a_{k+1}$ 以及 $p^2\nmid a_0$,那么存在 $P(x)$ 的不可约因子 $Q(x)$,其次数至少是 k. 特别,如果 $k=n-1$,则 $P(x)$ 是不可约的.

定义 2.8 $x_1,\cdots,x_n$ 的对称多项式是一个在 $x_1,\cdots,x_n$ 的任意排列下不变的多项式,初等对称多项式是 $\sigma_k(x_1,\cdots,x_k)=\sum x_{i_1,\cdots,i_k}$（分别对 $\{1,2,\cdots,n\}$ 的 $k-$元素子集 $\{i_1,i_2,\cdots,i_k\}$ 求和）.

定理 2.9 （对称多项式定理）每个 $x_1,\cdots,x_n$ 的对称多项式都可用初等对称多项式 $\sigma_1,\cdots,\sigma_n$ 表出.

定理 2.10 （Vieta(韦达) 公式）设 $\alpha_1,\cdots,\alpha_n$ 和 $c_1,\cdots,c_n$ 都是复数,使得
$$(x-\alpha_1)(x-\alpha_2)\cdots(x-\alpha_n)=x^n+c_1x^{n-1}+c_2x^{n-2}+\cdots+c_n$$
那么对 $k=1,2,\cdots,n$
$$c_k=(-1)^k\sigma_k(\alpha_1,\cdots,\alpha_n)$$

定理 2.11 （Newton 对称多项式公式）设 $\sigma_k=\sigma_k(x_1,\cdots,x_k)$ 以及 $s_k=x_1^k+x_2^k+\cdots+x_n^k$,其中 $x_1,\cdots,x_n$ 是复数,那么
$$k\sigma_k=s_1\sigma_{k-1}+s_2\sigma_{k-2}+\cdots+(-1)^ks_{k-1}\sigma_1+(-1)^ks_k$$

2.1.2 递推关系

定义 2.12 一个递推关系是指一个由序列 $x_n, n\in\mathbf{N}$ 的前面的元素的函数确定的如下的关系
$$x_n+a_1x_{n-1}+\cdots+a_kx_{n-k}=0\ (n\geqslant k)$$
如果其中的系数 $a_1,\cdots,a_k$ 都是不依赖于 n 的常数,则上述关系称为 k 阶的线性齐次递推关系. 定义此关系的特征多项式为 $P(x)=x^k+a_1x^{k-1}+\cdots+a_k$.

定理 2.13 利用上述定义中的记号,设 $P(x)$ 的标准因子分解式为
$$P(x)=(x-\alpha_1)^{k_1}(x-\alpha_2)^{k_2}\cdots(x-\alpha_r)^{k_r}$$
其中 $\alpha_1,\cdots,\alpha_r$ 是不同的复数,而 $k_1,\cdots,k_r$ 是正整数,那么这个递推关系的一般解由公式
$$x_n=p_1(n)\alpha_1^n+p_2(n)\alpha_2^n+\cdots+p_r(n)\alpha_r^n$$
给出,其中 p_i 是次数为 k_i 的多项式. 特别,如果 $P(x)$ 有 k 个不同的根,那么所有的 p_i 都是常数.

如果 $x_0,\cdots,x_{k-1}$ 已被设定,那么多项式的系数是唯一确定的.

2.1.3 不等式

定理 2.14 平方函数总是正的,即 $x^2\geqslant 0(\forall x\in\mathbf{R})$. 把 x 换成不同的表达式,可以得出以下的不等式.

定理 2.15 （Bernoulli(伯努利) 不等式）
1. 如果 $n\geqslant 1$ 是一个整数,$x>-1$ 是实数,那么 $(1+x)^n\geqslant 1+nx$;
2. 如果 $\alpha>1$ 或 $\alpha<0$,那么对 $x>-1$ 成立不等式:$(1+x)^\alpha\geqslant 1+\alpha x$;
3. 如果 $\alpha\in(0,1)$,那么对 $x>-1$ 成立不等式:$(1+x)^\alpha\leqslant 1+\alpha x$.

定理 2.16 （平均不等式）对正实数 $x_1,\cdots,x_n$, 成立 $QM \geqslant AM \geqslant GM \geqslant HM$, 其中

$$QM = \sqrt{\frac{x_1^2 + \cdots + x_n^2}{n}}, \quad AM = \frac{x_1 + \cdots + x_n}{n}$$

$$GM = \sqrt[n]{x_1 \cdots x_n}, \quad HM = \frac{n}{\frac{1}{x_1} + \cdots + \frac{1}{x_n}}$$

所有不等式的等号都当且仅当 $x_1 = x_2 = \cdots = x_n$, 数 QM, AM, GM 和 HM 分别被称为平方平均, 算术平均, 几何平均以及调和平均.

定理 2.17 （一般的平均不等式）设 $x_1, \cdots, x_n$ 是正实数, 对 $p \in \mathbf{R}$, 定义 $x_1, \cdots, x_n$ 的 p 阶平均为

$$M_p = \left(\frac{x_1^p + \cdots + x_n^p}{n}\right)^{\frac{1}{p}}, \quad \text{如果 } p \neq 0$$

以及
$$M_q = \lim_{p \to q} M_p, \quad \text{如果 } q \in \{\pm\infty, 0\}$$

特别, $\max x_i, QM, AM, GM, HM$ 和 $\min x_i$ 分别是 $M_\infty, M_2, M_1, M_0, M_{-1}$ 和 $M_{-\infty}$, 那么
$$M_p \leqslant M_q, \quad \text{只要 } p \leqslant q$$

定理 2.18 （Cauchy-Schwarz(柯西－许瓦兹)不等式）设 $a_i, b_i, i = 1, 2, \cdots, n$ 是实数, 则

$$\left(\sum_{i=1}^n a_i b_i\right)^2 \leqslant \left(\sum_{i=1}^n a_i^2\right)\left(\sum_{i=1}^n b_i^2\right)$$

当且仅当存在 $c \in \mathbf{R}$ 使得 $b_i = ca_i, i = 1, \cdots, n$ 时, 等号成立.

定理 2.19 （Hölder(和尔窦)不等式）设 $a_i, b_i, i = 1, 2, \cdots, n$ 是非负实数, p, q 是使得 $\frac{1}{p} + \frac{1}{q} = 1$ 的正实数, 则

$$\sum_{i=1}^n a_i b_i \leqslant \left(\sum_{i=1}^n a_i^p\right)^{\frac{1}{p}} \left(\sum_{i=1}^n b_i^q\right)^{\frac{1}{q}}$$

当且仅当存在 $c \in \mathbf{R}$ 使得 $b_i = ca_i, i = 1, \cdots, n$ 时, 等号成立. Cauchy-Schwarz(柯西－许瓦兹)不等式是 Hölder(和尔窦)不等式在 $p = q = 2$ 时的特殊情况.

定理 2.20 （Minkovski(闵科夫斯基)不等式）设 $a_i, b_i, i = 1, 2, \cdots, n$ 是非负实数, p 是任意不小于 1 的实数, 则

$$\left(\sum_{i=1}^n (a_i + b_i)^p\right)^{\frac{1}{p}} \leqslant \left(\sum_{i=1}^n a_i^p\right)^{\frac{1}{p}} + \left(\sum_{i=1}^n b_i^p\right)^{\frac{1}{p}}$$

当 $p > 1$ 时, 当且仅当存在 $c \in \mathbf{R}$ 使得 $b_i = ca_i, i = 1, \cdots, n$ 时, 等号成立, 当 $p = 1$ 时, 等号总是成立.

定理 2.21 （Chebyshev(切比雪夫)不等式）设 $a_1 \geqslant a_2 \geqslant \cdots \geqslant a_n$ 以及 $b_1 \geqslant b_2 \geqslant \cdots \geqslant b_n$ 是实数, 则

$$n\sum_{i=1}^n a_i b_i \geqslant \left(\sum_{i=1}^n a_i\right)\left(\sum_{i=1}^n b_i\right) \geqslant n\sum_{i=1}^n a_i b_{n+1-i}$$

当 $a_1 = a_2 = \cdots = a_n$ 或 $b_1 = b_2 = \cdots = b_n$ 时, 上面的两个不等式的等号同时成立.

定义 2.22 定义在区间 I 上的实函数 f 称为是凸的, 如果对所有的 $x, y \in I$ 和所有使得 $\alpha + \beta = 1$ 的 $\alpha, \beta > 0$, 都有 $f(\alpha x + \beta y) \leqslant \alpha f(x) + \beta f(y)$, 函数 f 称为是凹的, 如果成立

相反的不等式,即如果 $-f$ 是凸的.

定理 2.23 如果 f 在区间 I 上连续,那么 f 在区间 I 是凸函数的充分必要条件是对所有 $x,y \in I$,成立

$$f\left(\frac{x+y}{2}\right) \leqslant \frac{f(x)+f(y)}{2}$$

定理 2.24 如果 f 是可微的,那么 f 是凸函数的充分必要条件是它的导函数 f' 是不减的. 类似的,可微函数 f 是凹函数的充分必要条件是它的导函数 f' 是不增的.

定理 2.25 (Jensen(琴生)不等式) 如果 $f: I \to \mathbf{R}$ 是凸函数,那么对所有的 $\alpha_i \geqslant 0$, $\alpha_1 + \cdots + \alpha_n = 1$ 和所有的 $x_i \in I$ 成立不等式

$$f(\alpha_1 x_1 + \cdots + \alpha_n x_n) \leqslant \alpha_1 f(x_1) + \cdots + \alpha_n f(x_n)$$

对于凹函数,成立相反的不等式.

定理 2.26 (Muirhead(穆黑)不等式) 设 $x_1, x_2, \cdots, x_n \in \mathbf{R}^+$,对正实数的 n 元组 $a = (a_1, a_2, \cdots, a_n)$,定义

$$T_a(x_1, \cdots, x_n) = \sum y_1^{a_1} \cdots y_n^{a_n}$$

是对 $x_1, x_2, \cdots, x_n$ 的所有排列 $y_1, y_2, \cdots, y_n$ 求和. 称 n 元组 a 是优超 n 元组 b 的,如果

$$a_1 + a_2 + \cdots + a_n = b_1 + b_2 + \cdots + b_n$$

并且对 $k = 1, \cdots, n-1$

$$a_1 + \cdots + a_k \geqslant b_1 + \cdots + b_k$$

如果不增的 n 元组 a 优超不增的 n 元组 b,那么成立以下不等式

$$T_a(x_1, \cdots, x_n) \geqslant T_b(x_1, \cdots, x_n)$$

等号当且仅当 $x_1 = x_2 = \cdots = x_n$ 时成立.

定理 2.27 (Schur(舒尔)不等式) 利用对 Muirhead(穆黑) 不等式使用的记号

$$T_{\lambda+2\mu,0,0}(x_1,x_2,x_3) + T_{\lambda,\mu,\mu}(x_1,x_2,x_3) \geqslant 2T_{\lambda+\mu,\mu,0}(x_1,x_2,x_3)$$

其中 $\lambda, \mu \in \mathbf{R}^+$,等号当且仅当 $x_1 = x_2 = x_3$ 或 $x_1 = x_2, x_3 = 0$(以及类似情况)时成立.

2.1.4 群和域

定义 2.28 群是一个具有满足以下条件的运算 $*$ 的非空集合 G:

(1) 对所有的 $a, b, c \in G, a*(b*c) = (a*b)*c$;
(2) 存在一个唯一的加法元 $e \in G$ 使得对所有的 $a \in G$ 有 $e*a = a*e = a$;
(3) 对每一个 $a \in G$,存在一个唯一的逆元 $a^{-1} = b \in G$ 使得 $a*b = b*a = e$.

如果 $n \in \mathbf{Z}$,则当 $n \geqslant 0$ 时,定义 a^n 为 $a*a*\cdots*a(n$ 次),否则定义为 $(a^{-1})^{-n}$.

定义 2.29 群 $\Gamma = (G, *)$ 称为是交换的或阿贝尔群,如果对任意 $a, b \in G, a*b = b*a$.

定义 2.30 集合 A 生成群 $(G, *)$,如果 G 的每个元用 A 的元素的幂和运算 $*$ 得出. 换句话说,如果 A 是群 G 的生成子,那么每个元素 $g \in G$ 就可被写成 $a_1^{i_1} * \cdots * a_n^{i_n}$,其中对 $j = 1, 2, \cdots, n a_j \in A$ 而 $i_j \in \mathbf{Z}$.

定义 2.31 当存在使得 $a^n = e$ 的 n 时,$a \in G$ 的阶是使得 $a^n = e$ 成立的最小的 $n \in \mathbf{N}$. 一个群的阶是指其元素的个数,如果群的每个元素的阶都是有限的,则称其为有限阶的.

定义 2.32 (Lagrange(拉格朗日)定理) 在有限群中,元素的阶必整除群的阶.

定义 2.33　一个环是一个具有两种运算＋和・的非空集合 R 使得 $(R,+)$ 是阿贝尔群,并且对任意 $a,b,c \in R$,有

(1) $(a \cdot b) \cdot c = a \cdot (b \cdot c)$;

(2) $(a+b) \cdot c = a \cdot c + b \cdot c$ 以及 $c \cdot (a+b) = c \cdot a + c \cdot b$.

一个环称为是交换的,如果对任意 $a,b \in R, a \cdot b = b \cdot a$,并且具有乘法单位元 $i \in R$,使得对所有的 $a \in R, i \cdot a = a \cdot i$.

定义 2.34　一个域是一个具有单位元的交换环,在这种环中,每个不是加法单位元的元素 a 有乘法逆 a^{-1},使得 $a \cdot a^{-1} = a^{-1} \cdot a = i$.

定理 2.35　下面是一些群,环和域的通常的例子:

群:$(\mathbf{Z}_n, +), (\mathbf{Z}_p \setminus \{0\}, \cdot), (\mathbf{Q}, +), (\mathbf{R}, +), (\mathbf{R} \setminus \{0\}, \cdot)$;

环:$(\mathbf{Z}_n, +, \cdot), (\mathbf{Z}, +, \cdot), (\mathbf{Z}[x], +, \cdot), (\mathbf{R}[x], +, \cdot)$;

域:$(\mathbf{Z}_p, +, \cdot), (\mathbf{Q}, +, \cdot), (\mathbf{Q}(\sqrt{2}), +, \cdot), (\mathbf{R}, +, \cdot), (\mathbf{C}, +, \cdot)$.

第 2 节　分　　析

定义 2.36　说序列 $\{a_n\}_{n=1}^{\infty}$ 有极限 $a = \lim\limits_{n \to \infty} a_n$(也记为 $a_n \to a$),如果对任意 $\varepsilon > 0$,都存在 $n_\varepsilon \in \mathbf{N}$,使得当 $n \geq n_\varepsilon$ 时,成立 $|a_n - a| < \varepsilon$.

说函数 $f:(a,b) \to \mathbf{R}$ 有极限 $y = \lim\limits_{x \to c} f(x)$,如果对任意 $\varepsilon > 0$,都存在 $\delta > 0$,使得对任意 $x \in (a,b), 0 < |x-c| < \delta$,都有 $|f(x) - y| < \varepsilon$.

定义 2.37　称序列 x_n 收敛到 $x \in \mathbf{R}$,如果 $\lim\limits_{n \to \infty} x_n = x$,级数 $\sum\limits_{n=1}^{\infty} x_n$ 收敛到 $s \in \mathbf{R}$ 的含义为 $\lim\limits_{m \to \infty} \sum\limits_{n=1}^{m} x_n = s$. 一个不收敛的序列或级数称为是发散的.

定理 2.38　如果序列 a_n 单调并且有界,则它必是收敛的.

定义 2.39　称函数 f 在区间 $[a,b]$ 上是连续的,如果对每个 $x_0 \in [a,b], \lim\limits_{x \to x_0} f(x) = f(x_0)$.

定义 2.40　称函数 $f:(a,b) \to \mathbf{R}$ 在点 $x_0 \in (a,b)$ 是可微的,如果以下极限存在
$$f'(x_0) = \lim_{x \to x_0} \frac{f(x) - f(x_0)}{x - x_0}$$
称函数在 (a,b) 上是可微的,如果它在每一点 $x_0 \in (a,b)$ 都是可微的. 函数 f' 称为是函数 f 的导数,类似的,可定义 f' 的导数 f'',它称为函数 f 的二阶导数,等等.

定理 2.41　可微函数是连续的. 如果 f 和 g 都是可微的,那么 $fg, \alpha f + \beta g (\alpha, \beta \in \mathbf{R})$, $f \circ g, \dfrac{1}{f}$(如果 $f \neq 0$), f^{-1}(如果它可被有意义的定义) 都是可微的. 并且成立
$$(\alpha f + \beta g)' = \alpha f' + \beta g'$$
$$(fg)' = f'g + fg'$$
$$(f \circ g)' = (f' \circ g) \cdot g'$$
$$\left(\frac{1}{f}\right)' = -\frac{f'}{f^2}$$

$$\left(\frac{f}{g}\right)' = \frac{f'g - fg'}{g^2}$$

$$(f^{-1})' = \frac{1}{(f' \circ f^{-1})}$$

定理 2.42 以下是一些初等函数的导数(a 表示实常数)

$$(x^a)' = ax^{a-1}$$

$$(\ln x)' = \frac{1}{x}$$

$$(a^x)' = a^x \ln a$$

$$(\sin x)' = \cos x$$

$$(\cos x)' = -\sin x$$

定理 2.43 (Fermat(费马)定理) 设 $f:[a,b] \to \mathbf{R}$ 是可微函数,且函数 f 在此区间内达到其极大值或极小值. 如果 $x_0 \in (a,b)$ 是一个极值点(即函数在此点达到极大值或极小值),那么 $f'(x_0) = 0$.

定理 2.44 (Roll(罗尔)定理) 设 $f(x)$ 是定义在 $[a,b]$ 上的连续可微函数,且 $f(a) = f(b) = 0$,则存在 $c \in (a,b)$,使得 $f'(c) = 0$.

定义 2.45 定义在 $\mathbf{R}^n$ 的开子集 D 上的可微函数 $f_1, f_2, \cdots, f_k$ 称为是相关的,如果存在非零的可微函数 $F: \mathbf{R}^k \to \mathbf{R}$ 使得 $F(f_1, \cdots, f_k)$ 在 D 的某个开子集上恒同于 0.

定义 2.46 函数 $f_1, \cdots, f_k: D \to \mathbf{R}$ 是独立的充分必要条件为 $k \times n$ 矩阵 $\left[\dfrac{\partial f_i}{\partial x_j}\right]_{i,j}$ 的秩为 k,即在某个点,它有 k 行是线性无关的.

定理 2.47 (Lagrange(拉格朗日)乘数) 设 D 是 $\mathbf{R}^n$ 的开子集,且 $f, f_1, \cdots, f_k: D \to \mathbf{R}$ 是独立无关的可微函数. 设点 a 是函数 f 在 D 内的一个极值点,使得 $f_1 = f_2 = \cdots = f_n = 0$,则存在实数 $\lambda_1, \cdots, \lambda_k$(所谓的拉格朗日乘数)使得 a 是函数 $F = f + \lambda_1 f_1 + \cdots + \lambda_k f_k$ 的平衡点,即在点 a 使得 F 的偏导数为 0 的点.

定义 2.48 设 f 是定义在 $[a,b]$ 上的实函数,且设 $a = x_0 \leqslant x_1 \leqslant \cdots \leqslant x_n = b$ 以及 $\xi_k \in [x_{k-1}, x_k]$,和 $S = \sum_{k=1}^{n}(x_k - x_{k-1})f(\xi_k)$ 称为 Darboux(达布)和,如果 $I = \lim_{\delta \to 0} S$ 存在(其中 $\delta = \max_k(x_k - x_{k-1})$),则称 f 是可积的,并称 I 是它的积分. 每个连续函数在有限区间上都是可积的.

第 3 节 几 何

2.3.1 三角形的几何

定义 2.49 三角形的垂心是其高线的交点.

定义 2.50 三角形的外心是其外接圆的圆心,它是三角形各边的垂直平分线的交点.

定义 2.51 三角形的内心是其内切圆的圆心,它是其各角的角平分线的交点.

定义 2.52 三角形的重心是其各边中线的交点.

定理 2.53 对每个非退化的三角形,垂心,外心,内心,重心都是良定义的.

定理 2.54 (Euler(欧拉)线) 任意三角形的垂心 H,重心 G 和外心 O 位于一条直线上(欧拉线),且满足 $\overrightarrow{HG} = 2\overrightarrow{GO}$.

定理 2.55 (9 点圆) 三角形从顶点 A,B,C 向对边所引的垂足, AB,BC,CA,AH,BH, CH 各线段的中点位于一个圆上(9 点圆).

定理 2.56 (Feuerbach(费尔巴哈)定理) 三角形的 9 点圆和其内切圆和三个外切圆相切.

定理 2.57 给了 $\triangle ABC$,设 $\triangle ABC'$, $\triangle AB'C$ 和 $\triangle A'BC$ 是向外的等边三角形,则 AA',BB',CC' 交于一点,称为 Torricelli(托里拆利)点.

定义 2.58 设 ABC 是一个三角形,P 是一点,而 X,Y,Z 分别是从 P 向 BC,AC,AB 所引垂线的垂足,则 $\triangle XYZ$ 称为 $\triangle ABC$ 的对应于点 P 的 Pedal(佩多)三角形.

定理 2.59 (Simson(西姆松)线) 当且仅当点 P 位于 ABC 的外接圆上时, Pedal(佩多)三角形是退化的,即 X,Y,Z 共线,点 X,Y,Z 共线时,它们所在的直线称为 Simson(西姆松)线.

定理 2.60 (Carnot(卡农)定理) 从 X,Y,Z 分别向 BC,CA,AB 所作的垂线共点的充分必要条件是
$$BX^2 - XC^2 + CY^2 - YA^2 + AZ^2 - ZB^2 = 0$$

定理 2.61 (Desargue(戴沙格)定理) 设 $A_1B_1C_1$ 和 $A_2B_2C_2$ 是两个三角形. 直线 A_1A_2, B_1B_2, C_1C_2 共点或互相平行的充分必要条件是 $A = B_1C_2 \cap B_2C_1, B = C_1A_2 \cap A_1C_2, C = A_1B_2 \cap A_2B_1$ 共线.

2.3.2 向量几何

定义 2.62 对任意两个空间中的向量 $\boldsymbol{a},\boldsymbol{b}$,定义其数量积(又称点积)为 $\boldsymbol{a} \cdot \boldsymbol{b} = |\boldsymbol{a}||\boldsymbol{b}| \cdot \cos \varphi$,而其向量积为 $\boldsymbol{a} \times \boldsymbol{b} = \boldsymbol{p}$,其中 $\varphi = \angle(\boldsymbol{a},\boldsymbol{b})$,而 $\boldsymbol{p}$ 是一个长度为 $|\boldsymbol{p}| = |\boldsymbol{a}||\boldsymbol{b}| \cdot |\sin \varphi|$ 的向量,它垂直于由 $\boldsymbol{a}$ 和 $\boldsymbol{b}$ 所确定的平面,并使得有顺序的三个向量 $\boldsymbol{a}$, $\boldsymbol{b},\boldsymbol{p}$ 是正定向的(注意如果 $\boldsymbol{a}$ 和 $\boldsymbol{b}$ 共线,则 $\boldsymbol{a} \times \boldsymbol{b} = \boldsymbol{0}$). 这些积关于两个向量都是线性的. 数量积是交换的,而向量积是反交换的,即 $\boldsymbol{a} \times \boldsymbol{b} = -\boldsymbol{b} \times \boldsymbol{a}$. 我们也定义三个向量 $\boldsymbol{a},\boldsymbol{b},\boldsymbol{c}$ 的混合积为 $[\boldsymbol{a},\boldsymbol{b},\boldsymbol{c}] = (\boldsymbol{a} \times \boldsymbol{b}) \cdot \boldsymbol{c}$.

原书注:向量 $\boldsymbol{a}$ 和 $\boldsymbol{b}$ 的数量积有时也表示成 $\langle \boldsymbol{a},\boldsymbol{b} \rangle$.

定理 2.63 (Thale(泰勒斯)定理) 设直线 AA' 和 BB' 交于点 $O, A' \neq O \neq B'$. 那么 $AB \parallel A'B' \Leftrightarrow \dfrac{\overrightarrow{OA}}{\overrightarrow{OA'}} = \dfrac{\overrightarrow{OB}}{\overrightarrow{OB'}}$,(其中 $\dfrac{a}{b}$ 表示两个非零的共线向量的比例).

定理 2.64 (Ceva(塞瓦)定理) 设 ABC 是一个三角形,而 X,Y,Z 分别是直线 BC,CA, AB 上不同于 A,B,C 的点,那么直线 AX,BY,CZ 共点的充分必要条件是
$$\frac{\overrightarrow{BX}}{\overrightarrow{XC}} \cdot \frac{\overrightarrow{CY}}{\overrightarrow{YA}} \cdot \frac{\overrightarrow{AZ}}{\overrightarrow{ZB}} = 1$$

或等价的
$$\frac{\sin \angle BAX}{\sin \angle XAC} \cdot \frac{\sin \angle CBY}{\sin \angle YBA} \cdot \frac{\sin \angle ACZ}{\sin \angle ZCB} = 1$$

(最后的表达式称为三角形式的 Ceva(塞瓦)定理).

定理 2.65 （Menelaus（梅尼劳斯）定理）利用 Ceva（塞瓦）定理中的记号,点 X,Y,Z 共线的充分必要条件是
$$\frac{\overrightarrow{BX}}{\overrightarrow{XC}} \cdot \frac{\overrightarrow{CY}}{\overrightarrow{YA}} \cdot \frac{\overrightarrow{AZ}}{\overrightarrow{ZB}} = -1$$

定理 2.66 （Stewart（斯特瓦尔特）定理）设 D 是直线 BC 上任意一点,则
$$AD^2 = \frac{\overrightarrow{DC}}{\overrightarrow{BC}}BD^2 + \frac{\overrightarrow{BD}}{\overrightarrow{BC}}CD^2 - \overrightarrow{BD} \cdot \overrightarrow{DC}$$

特别,如果 D 是 BC 的中点,则
$$4AD^2 = 2AB^2 + 2AC^2 - BC^2$$

2.3.3 重心

定义 2.67 一个质点 (A,m) 是指一个具有质量 $m>0$ 的点 A.

定义 2.68 质点系 $(A_i,m_i),i=1,2,\cdots,n$ 的质心（重心）是指一个使得 $\sum_i m_i \overrightarrow{TA_i}=0$ 的点.

定理 2.69 （Leibniz（莱布尼兹）定理）设 T 是总质量为 $m=m_1+\cdots+m_n$ 的质点系 $\{(A_i,m_i) \mid i=1,2,\cdots,n\}$ 的质心,并设 X 是任意一个点,那么
$$\sum_{i=1}^n m_i XA_i^2 = \sum_{i=1}^n m_i TA_i^2 + mXT^2$$

特别,如果 T 是 $\triangle ABC$ 的重心,而 X 是任意一个点,那么
$$AX^2 + BX^2 + CX^2 = AT^2 + BT^2 + CT^2 + 3XT^2$$

2.3.4 四边形

定理 2.70 四边形 $ABCD$ 是共圆的（即 $ABCD$ 存在一个外接圆）的充分必要条件是
$$\angle ACB = \angle ADB$$
或
$$\angle ADC + \angle ABC = 180°$$

定理 2.71 （Ptolemy（托勒玫）定理）凸四边形 $ABCD$ 共圆的充分必要条件是
$$AC \cdot BD = AB \cdot CD + AD \cdot BC$$

对任意四边形 $ABCD$ 则成立 Ptolemy（托勒玫）不等式（见 2.3.7 几何不等式）.

定理 2.72 （Casey（开世）定理）设四个圆 k_1,k_2,k_3,k_4 都和圆 k 相切.如果圆 k_i 和 k_j 都和圆 k 内切或外切,那么设 t_{ij} 表示由圆 k_i 和 $k_j(i,j \in \{1,2,3,4\})$ 所确定的外公切线的长度,否则设 t_{ij} 表示内公切线的长度.那么乘积 $t_{12}t_{34}$,$t_{13}t_{24}$ 以及 $t_{14}t_{23}$ 之一是其余二者之和.

圆 k_1,k_2,k_3,k_4 中的某些圆可能退化成一个点,特别设 A,B,C 是圆 k 上的三个点,圆 k 和圆 k' 在一个不包含点 B 的 AC 弧上相切,那么我们有 $AC \cdot b = AB \cdot c + BC \cdot a$,其中 a,b 和 c 分别是从点 A,B 和 C 向 AC 所作的切线的长度. Ptolemy（托勒玫）定理是 Casey（开世）定理在四个圆都退化时的特殊情况.

定理 2.73 凸四边形 $ABCD$ 相切（即 $ABCD$ 存在一个内切圆）的充分必要条件是
$$AB + CD = BC + DA$$

定理 2.74 对空间中任意四点 A,B,C,D,$AC \perp BD$ 的充分必要条件是

$$AB^2 + CD^2 = BC^2 + DA^2$$

定理 2.75 （Newton(牛顿)定理）设 $ABCD$ 是四边形，$AD \cap BC = E$，$AB \cap DC = F$（那种点 A,B,C,D,E,F 构成一个完全四边形）. 那么 AC,BD 和 EF 的中点是共线的. 如果 $ABCD$ 相切，那么其内心也在这条直线上.

定理 2.76 （Brocard(布罗卡)定理）设 $ABCD$ 是圆心为 O 的圆内接四边形，并设 $P = AB \cap CD$，$Q = AD \cap BC$，$R = AC \cap BD$，那么 O 是 $\triangle PQR$ 的垂心.

2.3.5 圆的几何

定理 2.77 （Pascal(帕斯卡)定理）如果 A_1,A_2,A_3,B_1,B_2,B_3 是圆 γ 上不同的点，那么点 $X_1 = A_2B_3 \cap A_3B_2$，$X_2 = A_1B_3 \cap A_3B_1$ 和 $X_3 = A_1B_2 \cap A_2B_1$ 是共线的. 在 γ 是两条直线的特殊情况下，这一结果称为 Pappus(帕普斯)定理.

定理 2.78 （Brianchon(布里安桑)定理）设 $ABCDEF$ 是任意圆内接凸六边形，那么 AD，BE 和 CF 交于一点.

定理 2.79 （蝴蝶定理）设 AB 是圆 k 上的一条线段，C 是它的中点. 设 p 和 q 是通过 C 的两条不同的直线，分别与圆 k 在 AB 的一侧交于 P 和 Q，而在另一侧交于 P' 和 Q'，设 E 和 F 分别是 PQ' 和 $P'Q$ 与 AB 的交点，那么 $CE = CF$.

定义 2.80 点 X 关于圆 $k(O,r)$ 的幂定义为 $P(X) = OX^2 - r^2$. 设 l 是任一条通过 X 并交圆 k 于 A 和 B 的线（当 l 是切线时，$A = B$），有 $P(X) = \overrightarrow{XA} \cdot \overrightarrow{XB}$.

定义 2.81 两个圆的根轴是关于这两个圆的幂相同的点的轨迹. 圆 $k_1(O_1,r_1)$ 和 $k_2(O_2,r_2)$ 的根轴垂直于 O_1O_2. 三个不同的圆的根轴是共点的或互相平行的. 如果根轴是共点的，则它们的交点称为根心.

定义 2.82 一条不通过点 O 的直线 l 关于圆 $k(O,r)$ 的极点是一个位于 l 的与 O 相反一侧的使得 $OA \perp l$，且 $d(O,l) \cdot OA = r^2$ 的点 A. 特别，如果 l 和 k 交于两点，则它的极点就是过这两个点的切线的交点.

定义 2.83 用上面的定义中的记号，称点 A 的极线是 l，特别，如果 A 是 k 外面的一点，而 AM,AN 是 k 的切线($M,N \in k$)，那么 MN 就是 A 的极线.

可以对一般的圆锥曲线类似的定义极点和极线的概念.

定理 2.84 如果点 A 属于点 B 的极线，则点 B 也属于点 A 的极线.

2.3.6 反演

定义 2.85 一个平面 π 围绕圆 $k(O,r)$（圆属于 π）的反演是一个从集合 $\pi \setminus \{O\}$ 到自身的变换，它把每个点 P 变为一个在 $\pi \setminus \{O\}$ 上使得 $OP \cdot OP' = r^2$ 的点. 在下面的叙述中，我们将默认排除点 O.

定理 2.86 在反演下，圆 k 上的点不动，圆内的点变为圆外的点，反之亦然.

定理 2.87 如果 A,B 两点在反演下变为 A',B' 两点，那么 $\angle OAB = \angle OB'A'$，$ABB'A'$ 共圆且此圆垂直于 k. 一个垂直于 k 的圆变为自身，反演保持连续曲线（包括直线和圆）之间的角度不变.

定理 2.88 反演把一条不包含 O 的直线变为一个包含 O 的圆，包含 O 的直线变成自身. 不包含 O 的圆变为不包含 O 的圆，包含 O 的圆变为不包含 O 的直线.

2.3.7 几何不等式

定理 2.89 （三角不等式）对平面上的任意三个点 A,B,C
$$AB + BC \geqslant AC$$
当等号成立时 A,B,C 共线,且按照这一次序从左到右排列时,等号成立.

定理 2.90 （Ptolemy(托勒玫) 不等式）对任意四个点 A,B,C,D 成立
$$AC \cdot BD \leqslant AB \cdot CD + AD \cdot BC$$

定理 2.91 （平行四边形不等式）对任意四个点 A,B,C,D 成立
$$AB^2 + BC^2 + CD^2 + DA^2 \geqslant AC^2 + BD^2$$
当且仅当 $ABCD$ 是一个平行四边形时等号成立.

定理 2.92 如果 $\triangle ABC$ 的所有的角都小于或等于 $120°$ 时,那么当 X 是 Torricelli(托里拆利) 点时,$AX + BX + CX$ 最小,在相反的情况下,X 是钝角的顶点. 使得 $AX^2 + BX^2 + CX^2$ 最小的点 X_2 是重心(见 Leibniz(莱布尼兹) 定理).

定理 2.93 （Erdös-Mordell(爱尔多斯－摩德尔) 不等式）. 设 P 是 $\triangle ABC$ 内一点,而 P 在 BC, AC, AB 上的投影分别是 X,Y,Z,那么
$$PA + PB + PC \geqslant 2(PX + PY + PZ)$$
当且仅当 $\triangle ABC$ 是等边三角形以及 P 是其中心时等号成立.

2.3.8 三角

定义 2.94 三角圆是圆心在坐标平面的原点的单位圆. 设 A 是点 $(1,0)$ 而 $P(x,y)$ 是三角圆上使得 $\angle AOP = \alpha$ 的点. 那么我们定义
$$\sin \alpha = y, \cos \alpha = x, \tan \alpha = \frac{y}{x}, \cot \alpha = \frac{x}{y}$$

定理 2.95 函数 $\sin$ 和 $\cos$ 是周期为 2π 的周期函数,函数 $\tan$ 和 $\cot$ 是周期为 π 的周期函数,成立以下简单公式
$$\sin^2 x + \cos^2 x = 1, \sin 0 = \sin \pi = 0$$
$$\sin(-x) = -\sin x, \cos(-x) = \cos x$$
$$\sin\left(\frac{\pi}{2}\right) = 1, \sin\left(\frac{\pi}{4}\right) = \frac{\sqrt{2}}{2}, \sin\left(\frac{\pi}{6}\right) = \frac{1}{2}$$
$$\cos x = \sin\left(\frac{\pi}{2} - x\right)$$
从这些公式易于导出其他的公式.

定理 2.96 对三角函数成立以下加法公式
$$\sin(\alpha \pm \beta) = \sin \alpha \cos \beta \pm \cos \alpha \sin \beta$$
$$\cos(\alpha \pm \beta) = \cos \alpha \cos \beta \mp \sin \alpha \sin \beta$$
$$\tan(\alpha \pm \beta) = \frac{\tan \alpha \pm \tan \beta}{1 \mp \tan \alpha \tan \beta}$$
$$\cot(\alpha \pm \beta) = \frac{\cot \alpha \cot \beta \mp 1}{\cot \alpha \pm \cot \beta}$$

定理 2.97 对三角函数成立以下倍角公式

$$\sin 2x = 2\sin x\cos x, \sin 3x = 3\sin x - 4\sin^3 x$$
$$\cos 2x = 2\cos^2 x - 1, \cos 3x = 4\cos^3 x - 3\cos x$$
$$\tan 2x = \frac{2\tan x}{1-\tan^2 x}, \tan 3x = \frac{3\tan x - \tan^3 x}{1-3\tan^2 x}$$

定理 2.98　对任意 $x \in \mathbf{R}, \sin x = \dfrac{2t}{1+t^2}, \cos x = \dfrac{1-t^2}{1+t^2}$,其中 $t = \tan\dfrac{x}{2}$.

定理 2.99　积化和差公式
$$2\cos\alpha\cos\beta = \cos(\alpha+\beta) + \cos(\alpha-\beta)$$
$$2\sin\alpha\cos\beta = \sin(\alpha+\beta) + \sin(\alpha-\beta)$$
$$2\sin\alpha\sin\beta = \cos(\alpha-\beta) - \cos(\alpha-\beta)$$

定理 2.100　三角形的角 α,β,γ 满足
$$\cos^2\alpha + \cos^2\beta + \cos^2\gamma + 2\cos\alpha\cos\beta\cos\gamma = 1$$
$$\tan\alpha + \tan\beta + \tan\gamma = \tan\alpha\tan\beta\tan\gamma$$

定理 2.101　(De Moivre(棣(译者注:音立)模佛公式)
$$(\cos x + i\sin x)^n = \cos nx + i\sin nx$$

其中 $i^2 = -1$.

2.3.9　几何公式

定理 2.102　(Heron(海伦)公式) 设三角形的边长为 a,b,c,半周长为 s,则它的面积可用这些量表成
$$S = \sqrt{s(s-a)(s-b)(s-c)} = \frac{1}{4}\sqrt{2a^2b^2 + 2a^2c^2 + 2b^2c^2 - a^4 - b^4 - c^4}$$

定理 2.103　(正弦定理) 三角形的边 a,b,c 和角 α,β,γ 满足
$$\frac{a}{\sin\alpha} = \frac{b}{\sin\beta} = \frac{c}{\sin\gamma} = 2R$$

其中 R 是 $\triangle ABC$ 的外接圆半径.

定理 2.104　(余弦定理) 三角形的边和角满足
$$c^2 = a^2 + b^2 - 2ab\cos\gamma$$

定理 2.105　$\triangle ABC$ 的外接圆半径 R 和内切圆半径 r 满足
$$R = \frac{abc}{4S}$$

和
$$r = \frac{2S}{a+b+c} = R(\cos\alpha + \cos\beta + \cos\gamma - 1)$$

如果 x,y,z 表示一个锐角三角形的外心到各边的距离,则
$$x + y + z = R + r$$

定理 2.106　(Euler(欧拉)公式) 设 O 和 I 分别是 $\triangle ABC$ 的外心和内心,则
$$OI^2 = R(R-2r)$$

其中 R 和 r 分别是 $\triangle ABC$ 的外接圆半径和内切圆半径,因此 $R \geq 2r$.

定理 2.107　设四边形的边长为 a,b,c,d,半周长为 p,在顶点 A,C 处的内角分别为 α,γ,则其面积为

$$S = \sqrt{(p-a)(p-b)(p-c)(p-d) - abcd\cos^2\frac{\alpha+\gamma}{2}}$$

如果 $ABCD$ 是共圆的,则上述公式成为
$$S = \sqrt{(p-a)(p-b)(p-c)(p-d)}$$

定理 2.108 (pedal(匹多)三角形的 Euler(欧拉)定理) 设 X,Y,Z 是从点 P 向 $\triangle ABC$ 的各边所引的垂足. 又设 O 是 $\triangle ABC$ 的外接圆的圆心,R 是其半径,则
$$S_{\triangle XYZ} = \frac{1}{4}\left|1 - \frac{OP^2}{R^2}\right| S_{\triangle ABC}$$

此外,当且仅当 P 位于 $\triangle ABC$ 的外接圆(见 Simson(西姆松)线)上时,$S_{\triangle XYZ} = 0$.

定理 2.109 设 $\boldsymbol{a} = (a_1,a_2,a_3), \boldsymbol{b} = (b_1,b_2,b_3), \boldsymbol{c} = (c_1,c_2,c_3)$ 是坐标空间中的三个向量,那么
$$\boldsymbol{a} \cdot \boldsymbol{b} = a_1b_1 + a_2b_2 + a_3b_3$$
$$\boldsymbol{a} \times \boldsymbol{b} = (a_1b_2 - a_2b_1, a_2b_3 - a_3b_2, a_3b_1 - a_1b_3)$$
$$[\boldsymbol{a},\boldsymbol{b},\boldsymbol{c}] = \left|\begin{vmatrix} a_1 & a_2 & a_3 \\ b_1 & b_2 & b_3 \\ c_1 & c_2 & c_3 \end{vmatrix}\right|$$

定理 2.110 $\triangle ABC$ 的面积和四面体 $ABCD$ 的体积分别等于
$$|\overrightarrow{AB} \times \overrightarrow{AC}|$$
和
$$|[\overrightarrow{AB},\overrightarrow{AC},\overrightarrow{AD}]|$$

定理 2.111 (Cavalieri(卡瓦列里)原理) 如果两个立体被同一个平面所截的截面的面积总是相等的,则这两个立体的体积相等.

第 4 节　数　　论

2.4.1　可除性和同余

定义 2.112 $a,b \in \mathbf{N}$ 的最大公因数 $(a,b) = \gcd(a,b)$ 是可以整除 a 和 b 的最大整数. 如果 $(a,b) = 1$,则称正整数 a 和 b 是互素的. $a,b \in \mathbf{N}$ 的最小公倍数 $[a,b] = \mathrm{lcm}(a,b)$ 是可以被 a 和 b 整除的最小整数. 成立
$$[a,b](a,b) = ab$$
上面的概念容易推广到两个数以上的情况,即我们也可以定义 $(a_1,a_2,\cdots,a_n)$ 和 $[a_1,a_2,\cdots,a_n]$.

定理 2.113 (Euclid(欧几里得)算法) 由于 $(a,b) = (|a-b|,a) = (|a-b|,b)$,由此通过每次把 a 和 b 换成 $|a-b|$ 和 $\min\{a,b\}$ 而得出一条从正整数 a 和 b 获得 (a,b) 的链,直到最后两个数成为相等的数. 这一算法可被推广到两个数以上的情况.

定理 2.114 (Euclid(欧几里得)算法的推论) 对每对 $a,b \in \mathbf{N}$,存在 $x,y \in \mathbf{Z}$ 使得 $ax + by = (a,b)$,(a,b) 是使得这个式子成立的最小正整数.

定理 2.115 (Euclid(欧几里得)算法的第二个推论) 设 $a,m,n \in \mathbf{N}, a > 1$,则成立
$$(a^m - 1, a^n - 1) = a^{(m,n)} - 1$$

定理 2.116 （算数基本定理）每个正整数当不计素数的次序时都可以用唯一的方式被表成素数的乘积.

定理 2.117 算数基本定理对某些其他的数环也成立,例如 $\mathbf{Z}[i] = \{a+bi \mid a,b \in \mathbf{Z}\}$, $\mathbf{Z}[\sqrt{2}], \mathbf{Z}[\sqrt{-2}], \mathbf{Z}[\omega]$（其中 ω 是 1 的 3 次复根）. 在这些情况下,因数分解当不计次序和 1 的因子时是唯一的.

定义 2.118 称整数 a,b 在模 n 下同余,如果 $n \mid a-b$,我们把这一事实记为 $a \equiv b \pmod{n}$.

定理 2.119 （中国剩余定理）如果 $m_1, m_2, \cdots, m_k$ 是两两互素的正整数,而 $a_1, a_2, \cdots, a_k$ 和 $c_1, c_2, \cdots, c_k$ 是使得 $(a_i, m_i) = 1 (i = 1, 2, \cdots, k)$ 的整数,那么同余式组
$$a_i x \equiv c_i \pmod{m_i}, i = 1, 2, \cdots, k$$
在模 $m_1 m_2 \cdots m_k$ 下有唯一解.

2.4.2 指数同余

定理 2.120 （Wilson（威尔逊）定理）如果 p 是素数,则 $p \mid (p-1)! + 1$.

定理 2.121 （Fermat（费尔马）小定理）设 p 是一个素数,而 a 是一个使得 $(a, p) = 1$ 的整数,则
$$a^{p-1} \equiv 1 \pmod{p}$$
这个定理是 Euler（欧拉）定理的特殊情况.

定义 2.122 对 $n \in \mathbf{N}$,定义 Euler（欧拉）函数是在所有小于 n 的整数中与 n 互素的整数的个数. 成立以下公式
$$\varphi(n) = n \left(1 - \frac{1}{p_1}\right) \cdots \left(1 - \frac{1}{p_k}\right)$$
其中 $n = p_1^{a_1} \cdots p_k^{a_k}$ 是 n 的素因子分解式.

定理 2.113 （Euler（欧拉）定理）设 n 是自然数,而 a 是一个使得 $(a,n) = 1$ 的整数,那么
$$a^{\varphi(n)} \equiv 1 \pmod{n}$$

定理 2.114 （元根的存在性）设 p 是一个素数,则存在一个 $g \in \{1, 2, \cdots p-1\}$（称为模 p 的元根）使得在模 p 下,集合 $\{1, g, g^2, \cdots, g^{p-2}\}$ 与集合 $\{1, 2, \cdots p-1\}$ 重合.

定义 2.115 设 p 是一个素数,而 α 是一个非负整数,称 p^α 是 p 的可整除 a 的恰好的幂（而 α 是一个恰好的指数）,如果 $p^\alpha \mid a$,而 $p^{\alpha+1} \nmid a$.

定理 2.16 设 a,n 是正整数,而 p 是一个奇素数,如果 $p^\alpha (\alpha \in \mathbf{N})$ 是 p 的可整除 $a-1$ 的恰好的幂,那么对任意整数 $\beta \geqslant 0$,当且仅当 $p^\beta \mid n$ 时,$p^{\alpha+\beta} \mid a^n - 1$ (见 SL1997—14).

对 $p = 2$ 成立类似的命题. 如果 $2^\alpha (\alpha \in \mathbf{N})$ 是 p 的可整除 $a^2 - 1$ 的恰好的幂,那么对任意整数 $\beta \geqslant 0$,当且仅当 $2^{\beta+1} \mid n$ 时,$2^{\alpha+\beta} \mid a^n - 1$ (见 SL1989—27).

2.4.2 二次 Diophantine（丢番图）方程

定理 2.127 $a^2 + b^2 = c^2$ 的整数解由 $a = t(m^2 - n^2), b = 2tmn, c = t(m^2 + n^2)$ 给出（假设 b 是偶数）,其中 $t, m, n \in \mathbf{Z}$. 三元组 (a, b, c) 称为毕达哥拉斯数（译者注:在我国称为勾股数）(如果 $(a, b, c) = 1$,则称为本原的毕达哥拉斯数（勾股数）).

定义 2.128 设 $D \in \mathbf{N}$ 是一个非完全平方数，则称不定方程
$$x^2 - Dy^2 = 1$$
是 Pell(贝尔)方程，其中 $x, y \in \mathbf{Z}$.

定理 2.129 如果 (x_0, y_0) 是 Pell(贝尔)方程 $x^2 - Dy^2 = 1$ 在 $\mathbf{N}$ 中的最小解，则其所有的整数解 (x, y) 由 $x + y\sqrt{D} = \pm(x_0 + y_0\sqrt{D})^n, n \in \mathbf{Z}$ 给出．

定义 2.130 整数 a 称为是模 p 的平方剩余，如果存在 $x \in \mathbf{Z}$，使得 $x^2 \equiv a \pmod{p}$，否则称为模 p 的非平方剩余．

定义 2.131 对整数 a 和素数 p 定义 Legendre(勒让德)符号为
$$\left(\frac{a}{p}\right) = \begin{cases} 1, & \text{如果 } a \text{ 是模 } p \text{ 的二次剩余，且 } p \nmid a \\ 0, & \text{如果 } p \mid a \\ -1, & \text{其他情况} \end{cases}$$

显然如果 $p \nmid a$ 则
$$\left(\frac{a}{p}\right) = \left(\frac{a+p}{p}\right), \left(\frac{a^2}{p}\right) = 1$$

Legendre(勒让德)符号是积性的，即
$$\left(\frac{a}{p}\right)\left(\frac{b}{p}\right) = \left(\frac{ab}{p}\right)$$

定理 2.132 (Euler(欧拉)判据) 对奇素数 p 和不能被 p 整除的整数 a
$$\left(\frac{a}{p}\right) \equiv a^{\frac{p-1}{2}} \pmod{p}$$

定理 2.133 对素数 $p > 3$，$\left(\frac{-1}{p}\right)$，$\left(\frac{2}{p}\right)$ 和 $\left(\frac{-3}{p}\right)$ 等于 1 的充分必要条件分别为 $p \equiv 1 \pmod 4$，$p \equiv \pm 1 \pmod 8$ 和 $p \equiv 1 \pmod 6$.

定理 2.134 (Gauss(高斯)互反律) 对任意两个不同的奇素数 p 和 q，成立
$$\left(\frac{p}{q}\right)\left(\frac{q}{p}\right) = (-1)^{\frac{p-1}{2} \cdot \frac{q-1}{2}}$$

定义 2.135 对整数 a 和奇的正整数 b，定义 Jacobi(雅可比)符号如下
$$\left(\frac{a}{b}\right) = \left(\frac{a}{p_1}\right)^{a_1} \cdots \left(\frac{a}{p_k}\right)^{a_k}$$
其中 $b = p_1^{a_1} \cdots p_k^{a_k}$ 是 b 的素因子分解式．

定理 2.136 如果 $\left(\frac{a}{b}\right) = -1$，那么 a 是模 b 的非二次剩余，但是逆命题不成立．对 Jacobi(雅可比)符号来说，除了 Euler(欧拉)判据之外，Legendre(勒让德)符号的所有其余性质都保留成立．

2.4.4 Farey(法雷)序列

定义 2.137 设 n 是任意正整数，Farey(法雷)序列 F_n 是由满足 $0 \leqslant a \leqslant b \leqslant n, (a, b) = 1$ 的所有从小到大排列的有理数 $\frac{a}{b}$ 所形成的序列．例如 $F_3 = \left\{\frac{0}{1}, \frac{1}{3}, \frac{1}{2}, \frac{2}{3}, \frac{1}{1}\right\}$.

定理 2.138 如果 $\frac{p_1}{q_1}, \frac{p_2}{q_2}$ 和 $\frac{p_3}{q_3}$ 是 Farey(法雷)序列中三个相继的项，则

$$p_2 q_1 - p_1 q_2 = 1$$
$$\frac{p_1 + p_3}{q_1 + q_3} = \frac{p_2}{q_2}$$

第 5 节　组　合

2.5.1　对象的计数

许多组合问题涉及对满足某种性质的集合中的对象计数,这些性质可以归结为以下概念的应用.

定义 2.139　k 个元素的阶为 n 的选排列是一个从 $\{1,2,\cdots,k\}$ 到 $\{1,2,\cdots,n\}$ 的映射.对给定的 n 和 k,不同的选排列的数目是 $V_n^k = \dfrac{n!}{(n-k)!}$.

定义 2.140　k 个元素的阶为 n 的可重复的选排列是一个从 $\{1,2,\cdots,k\}$ 到 $\{1,2,\cdots,n\}$ 的任意的映射.对给定的 n 和 k,不同的可重复的选排列的数目是 $\overline{V}_n^k = k^n$.

定义 2.141　阶为 n 的全排列是 $\{1,2,\cdots,n\}$ 到自身的一个一对一映射(即当 $k=n$ 时的选排列的特殊情况),对给定的 n,不同的全排列的数目是 $P_n = n!$.

定义 2.142　k 个元素的阶为 n 的组合是 $\{1,2,\cdots,n\}$ 的一个 k 元素的子集,对给定的 n 和 k,不同的组合数是 $C_n^k = \dbinom{n}{k}$.

定义 2.143　一个阶为 n 可重复的全排列是一个 $\{1,2,\cdots,n\}$ 到 n 个元素的积集的一个一对一映射.一个积集是一个其中的某些元素被允许是不可区分的集合,例如,$\{1,1,2,3\}$.

如果 $\{1,2,\cdots,s\}$ 表示积集中不同的元素组成的集合,并且在积集中元素 i 出现 α_i 次,那么不同的可重复的全排列的数目是

$$P_{n,\alpha_1,\cdots,\alpha_s} = \frac{n!}{\alpha_1! \; \alpha_2! \; \cdots \alpha_s!}$$

组合是积集有两个不同元素的可重复的全排列的特殊情况.

定理 2.144　(鸽笼原理)如果把元素数目为 $kn+1$ 的集合分成 n 个互不相交的子集,则其中至少有一个子集至少要包含 $k+1$ 个元素.

定理 2.145　(容斥原理)设 $S_1, S_2, \cdots, S_n$ 是集合 S 的一族子集,那么 S 中那些不属于所给子集族的元素的数目由以下公式给出

$$|S \setminus (S_1 \cup \cdots \cup S_n)| = |S| - \sum_{k=1}^{n} \sum_{1 \leqslant i_1 < \cdots < i_k \leqslant n} (-1)^k |S_{i_1} \cap \cdots \cap S_{i_k}|$$

2.5.2　图论

定义 2.146　一个图 $G=(V,E)$ 是一个顶点 V 和 V 中某些元素对,即边的积集 E 所组成的集合.对 $x,y \in V$,当 $(x,y) \in E$ 时,称顶点 x 和 y 被一条边所连接,或称这一对顶点是这条边的端点.

一个积集为 E 的图可归结为一个真集合(即其顶点至多被一条边所连接),一个其中没

有一个定点是被自身所连接的图称为是一个真图.

有限图是一个$|E|$和$|V|$都有限的图.

定义 2.147　一个有向图是一个E中的有方向的图.

定义 2.148　一个包含了n个顶点并且每个顶点都有边与其连接的真图称为是一个完全图.

定义 2.149　k分图(当$k=2$时,称为$2-$分图)$K_{i_1,i_2,\cdots,i_k}$是那样一个图,其顶点V可分成k个非空的互不相交的,元素个数分别为$i_1,i_2,\cdots,i_k$的子集,使得V的子集W中的每个顶点x仅和不在W中的顶点相连接.

定义 2.150　顶点x的阶$d(x)$是x作为一条边的端点的次数(那样,自连接的边中就要数两次).孤立的顶点是阶为0的顶点.

定理 2.151　对图$G=(V,E)$,成立等式
$$\sum_{x\in V}d(x)=2\mid E\mid$$
作为一个推论,有奇数阶的顶点的个数是偶数.

定义 2.152　图的一条路径是一个顶点的有限序列,使得其中每一个顶点都与其前一个顶点相连.路径的长度是它通过的边的数目.一条回路是一条终点与起点重合的路径.一个环是一条在其中没有一个顶点出现两次(除了起点/终点之外)的回路.

定义 2.153　图$G=(V,E)$的子图$G'=(V',E')$是那样一个图,在其中$V'\subset V$而E'仅包含E的连接V'中的点的边.图的一个连通分支是一个连通的子图,其中没有一个顶点与此分之外的顶点相连.

定义 2.154　一个树是一个在其中没有环的连通图.

定理 2.155　一个有n个顶点的树恰有$n-1$条边且至少有两个阶为2的顶点.

定义 2.156　Euler(欧拉)路是其中每条边恰出现一次的路径.与此类似,Euler(欧拉)环是环形的Euler(欧拉)路.

定理 2.157　有限连通图G有一条Euler(欧拉)路的充分必要条件是:

(1) 如果每个顶点的阶数是偶数,那么G包含一条Euler(欧拉)环;

(2) 如果除了两个顶点之外,所有顶点的阶数都是偶数,那么G包含一条不是环路的Euler(欧拉)路(其起点和终点就是那两个奇数阶的顶点).

定义 2.158　Hamilton(哈密尔顿)环是一个图G的每个顶点恰被包含一次的回路(一个平凡的事实是,这个回路也是一个环).

目前还没有发现判定一个图是否是Hamilton(哈密尔顿)环的简单法则.

定理 2.159　设G是一个有n个顶点的图,如果G的任何两个不相邻顶点的阶数之和都大于n,则G有一个Hamilton(哈密尔顿)回路.

定理 2.160　(Ramsey(雷姆塞)定理) 设$r\geqslant 1$而$q_1,q_2,\cdots,q_s\geqslant r$.如果$K_n$的所有子图$K_r$都分成了$s$个不同的集合,记为$A_1,A_2,\cdots,A_s$,那么存在一个最小的正整数$N(q_1,q_2,\cdots,q_s;r)$使得当$n>N$时,对某个$i$,存在一个$K_{q_i}$的完全子图,它的子图$K_r$都属于$A_i$.对$r=2$,这对应于把$K_n$的边用$s$种不同的颜色染色,并寻求子图$K_{q_i}$的第$i$种颜色的单色子图[73].

定理 2.161　利用上面定理的记号,有

$$N(p,q;r) \leqslant N(N(p-1,q;r), N(p,q-1;r); r-1) + 1$$

特别
$$N(p,q;2) \leqslant N(p-1,q;2) + N(p,q-1;2)$$

已知 N 的以下值
$$N(p,q;1) = p + q - 1$$
$$N(2,p;2) = p$$
$$N(3,3;2) = 6, N(3,4;2) = 9, N(3,5;2) = 14, N(3,6;2) = 18$$
$$N(3,7;2) = 23, N(3,8;2) = 28, N(3,9;2) = 36$$
$$N(4,4;2) = 18, N(4,5;2) = 25^{[73]}$$

定理 2.162 （Turan(图灵)定理）如果一个有 $n = t(p-1) + r$ 个顶点的简单图的边多于 $f(n,p)$ 条，其中 $f(n,p) = \dfrac{(p-1)n^2 - r(p-1-r)}{2(p-1)}$，那么它包含子图 K_p. 有 $f(n,p)$ 个顶点而不含 K_p 的图是一个完全的多重图，它有 r 个元素个数为 $t+1$ 的子集和 $p-1-r$ 个元素个数为 t 的子集[73].

定义 2.163 平面图是一个可被嵌入一个平面的图，使得它的顶点可用平面上的点表示，而边可用平面上连接顶点的线（不一定是直的）来表示，而各边互不相交.

定理 2.164 一个有 n 个顶点的平面图至多有 $3n - 6$ 条边.

定理 2.165 （Kuratowski(库拉托夫斯基)定理）K_5 和 $K_{3,3}$ 都不是平面图. 每个非平面图都包含一个和这两个图之一同胚的子图.

定理 2.166 （Euler(欧拉公式)）设 E 是凸多面体的边数，F 是它的面数，而 V 是它的顶点数，则
$$E + 2 = F + V$$

对平面图成立同样的公式（这时 F 代表平面图中的区域数）.

参 考 文 献

[1] 洛桑斯基 E,鲁索 C.制胜数学奥林匹克[M].候文华,张连芳,译.刘嘉焜,校.北京:科学出版社,2003.
[2] 王向东,苏化明,王方汉.不等式·理论·方法[M].郑州:河南教育出版社,1994.
[3] 中国科协青少年工作部,中国数学会.1978~1986年国际奥林匹克数学竞赛题及解答[M].北京:科学普及出版社,1989.
[4] 单墫,等.数学奥林匹克竞赛题解精编[M].南京:南京大学出版社;上海:学林出版社,2001.
[5] 顾可敬.1979~1980中学国际数学竞赛题解[M].长沙:湖南科学技术出版社,1981.
[6] 顾可敬.1981年国内外数学竞赛题解选集[M].长沙:湖南科学技术出版社,1982.
[7] 石华,卫成.80年代国际中学生数学竞赛试题详解[M].长沙:湖南教育出版社,1990.
[8] 梅向明.国际数学奥林匹克30年[M].北京:中国计量出版社,1989.
[9] 单墫,葛军.国际数学竞赛解题方法[M].北京:中国少年儿童出版社,1990.
[10] 丁石孙.乘电梯·翻硬币·游迷宫·下象棋[M].北京:北京大学出版社,1993.
[11] 丁石孙.登山·赝币·红绿灯[M].北京:北京大学出版社,1997.
[12] 黄宣国.数学奥林匹克大集[M].上海:上海教育出版社,1997.
[13] 常庚哲.国际数学奥林匹克三十年[M].北京:中国展望出版社,1989.
[14] 丁石孙.归纳·递推·无字证明·坐标·复数[M].北京:北京大学出版社,1995.
[15] 裘宗沪.数学奥林匹克试题集锦[M].上海:华东师范大学出版社,2005.
[16] 裘宗沪.数学奥林匹克试题集锦[M].上海:华东师范大学出版社,2004.
[17] 数学奥林匹克工作室.最新竞赛试题选编及解析(高中数学卷)[M].北京:首都师范大学出版社,2001.
[18] 第31届IMO选题委员会.第31届国际数学奥林匹克试题、备选题及解答[M].济南:山东教育出版社,1990.
[19] 常庚哲.数学竞赛(2)[M].长沙:湖南教育出版社,1989.
[20] 常庚哲.数学竞赛(20)[M].长沙:湖南教育出版社,1994.
[21] 杨森茂,陈圣德.第一届至第二十二届国际中学生数学竞赛题解[M].福州:福建科学技术出版社,1983.
[22] 江苏师范学院数学系.国际数学奥林匹克[M].南京:江苏科学技术出版社,1980.
[23] 恩格尔 A.解决问题的策略[M].舒五昌,冯志刚,译.上海:上海教育出版社,2005.
[24] 王连笑.解数学竞赛题的常用策略[M].上海:上海教育出版社,2005.
[25] 江仁俊,应成瑔,蔡训武.国际数学竞赛试题讲解[M].武汉:湖北人民出版社,1980.
[26] 单墫.第二十五届国际数学竞赛[J].数学通讯,1985(3).
[27] 付玉章.第二十九届IMO试题及解答[J].中学数学,1988(10).

[28] 苏亚贵. 正则组合包含连续自然数的个数[J]. 数学通报, 1982(8).

[29] 王根章. 一道 IMO 试题的嵌入证法[J]. 中学数学教学. 1999(5).

[30] 舒五昌. 第 37 届 IMO 试题解答[J]. 中等数学, 1996(5).

[31] 杨卫平, 王卫华. 第 42 届 IMO 第 2 题的再探究[J]. 中学数学研究, 2005(5).

[32] 陈永高. 第 45 届 IMO 试题解答[J]. 中等数学, 2004(5).

[33] 周金峰, 谷焕春. IMO 42-2 的进一步推广[J]. 数学通讯, 2004(9).

[34] 魏维. 第 42 届国际数学奥林匹克试题解答集锦[J]. 中学数学, 2002(2).

[35] 程华. 42 届 IMO 两道几何题另解[J]. 福建中学数学, 2001(6).

[36] 张国清. 第 39 届 IMO 试题第一题充分性的证明[J]. 中等数学, 1999(2).

[37] 傅善林. 第 42 届 IMO 第五题的推广[J]. 中等数学, 2003(6).

[38] 龚浩生, 宋庆. IMO 42-2 的推广[J]. 中学数学, 2002(1).

[39] 厉倩. 一道 IMO 试题的推广[J]. 中学数学研究, 2002(10).

[40] 邹明. 第 40 届 IMO 一赛题的简解[J]. 中等数学, 2001(3).

[41] 许以超. 第 39 届国际数学奥林匹克试题及解答[J]. 数学通报, 1999(3).

[42] 余茂迪, 宫宋家. 用解析法巧解一道 IMO 试题[J]. 中学数学教学, 1997(4).

[43] 宋庆. IMO 5-5 的推广[J]. 中学数学教学, 1997(5).

[44] 余世平. 从 IMO 试题谈公式 $C_{2n}^n = \sum_{i=0}^{n} (C_n^i)^2$ 之应用[J]. 数学通讯, 1997(12).

[45] 徐彦明. 第 42 届 IMO 第 2 题的另一种推广[J]. 中学教研(数学), 2002(10).

[46] 张伟军. 第 41 届 IMO 两赛题的证明与评注[J]. 中学数学月刊, 2000(11).

[47] 许静, 孔令恩. 第 41 届 IMO 第 6 题的解析证法[J]. 数学通讯, 2001(7).

[48] 魏亚清. 一道 IMO 赛题的九种证法[J]. 中学教研(数学), 2002(6).

[49] 陈四川. IMO-38 试题 2 的纯几何解法[J]. 福建中学数学, 1997(6).

[50] 常庚哲, 单墫, 程龙. 第二十二届国际数学竞赛试题及解答[J]. 数学通报, 1981(9).

[51] 李长明. 一道 IMO 试题的背景及证法讨论[J]. 中学数学教学, 2000(1).

[52] 王凤春. 一道 IMO 试题的简证[J]. 中学数学研究, 1998(10).

[53] 罗增儒. IMO 42-2 的探索过程[J]. 中学数学教学参考, 2002(7).

[54] 嵇仲韶. 第 39 届 IMO 一道预选题的推广[J]. 中学数学杂志(高中), 1999(6).

[55] 王杰. 第 40 届 IMO 试题解答[J]. 中等数学, 1999(5).

[56] 舒五昌. 第三十七届 IMO 试题及解答(上)[J]. 数学通报, 1997(2).

[57] 舒五昌. 第三十七届 IMO 试题及解答(下)[J]. 数学通报, 1997(3).

[58] 黄志全. 一道 IMO 试题的纯平几证法研究[J]. 数学教学通讯, 2000(5).

[59] 段智毅, 秦永. IMO-41 第 2 题另证[J]. 中学数学教学参考, 2000(11).

[60] 杨仁宽. 一道 IMO 试题的简证[J]. 数学教学通讯, 1998(3).

[61] 相生亚, 裘良. 第 42 届 IMO 试题第 2 题的推广、证明及其它[J]. 中学数学研究, 2002(2).

[62] 熊斌. 第 46 届 IMO 试题解答[J]. 中等数学, 2005(9).

[63] 谢峰, 谢宏华. 第 34 届 IMO 第 2 题的解答与推广[J]. 中等数学, 1994(1).

[64] 熊斌, 冯志刚. 第 39 届国际数学奥林匹克[J]. 数学通讯, 1998(12).

[65] 朱恒杰.一道 IMO 试题的推广[J].中学数学杂志,1996(4).

[66] 肖果能,袁平之.第 39 届 IMO 一道试题的研究(Ⅰ)[J].湖南数学通讯,1998(5).

[67] 肖果能,袁平之.第 39 届 IMO 一道试题的研究(Ⅱ)[J].湖南数学通讯,1998(6).

[68] 杨克昌.一个数列不等式——IMO23-3 的推广[J].湖南数学通讯,1998(3).

[69] 吴长明,胡根宝.一道第 40 届 IMO 试题的探究[J].中学数学研究,2000(6).

[70] 仲翔.第二十六届国际数学奥林匹克(续)[J].数学通讯,1985(11).

[71] 程善明.一道 IMO 赛题的纯几何证法与推广[J].中学数学教学,1998(4).

[72] 刘元树.一道 IMO 试题解法的再探讨[J].中学数学研究,1998(12).

[73] 刘连顺,仝瑞平.一道 IMO 试题解法新探[J].中学数学研究,1998(8).

[74] 王凤春.一道 IMO 试题的简证[J].中学数学研究,1998(10).

[75] 李长明.一道 IMO 试题的背景及证法讨论[J].中学数学教学,2000(1).

[76] 方廷刚.综合法简证一道 IMO 预选题[J].中学生数学,1999(2).

[77] 吴伟朝.对函数方程 $f(x^l \cdot f^{[m]}(y)+x^n)=x^l \cdot y+f^n(x)$ 的研究[M]//湖南教育出版社.数学竞赛(22).长沙:湖南教育出版社,1994.

[78] 湘普.第 31 届国际数学奥林匹克试题解答[M]//湖南教育出版社编.数学竞赛(6~9).长沙:湖南教育出版社,1991.

[79] 陈永高.第 45 届 IMO 试题解答[J].中等数学,2004(5).

[80] 程俊.一道 IMO 试题的推广及简证[J].中等数学,2004(5).

[81] 蒋茂森.$2k$ 阶银矩阵的存在性和构造法[J].中等数学,1998(3).

[82] 单墫.散步问题与银矩阵[J].中等数学,1999(3).

[83] 张必胜.初等数论在 IMO 中应用研究[D].西安:西北大学研究生院,2010.

[84] 刘宝成,刘卫利.国际奥林匹克数学竞赛题与费马小定理[J].河北北方学院学报;自然科学版,2008,24(1):13-15,20.

[85] 卓成海.抓住"关键" 把握"异同"——对一道国际奥赛题的再探究[J].中学数学(高中版),2013(11):77-78.

[86] 李耀文.均值代换在解竞赛题中的应用[J].中等数学,2010(8):2-5.

[87] 吴军.妙用广义权方和不等式证明 IMO 试题[J].数理化解题研究(高中版),2014(8).16.

[88] 王庆金.一道 IMO 平面几何题溯源[J].中学数学研究,2014(1):50.

[89] 秦建华.一道 IMO 试题的另解与探究[J].中学教学参考,2014(8):40.

[90] 张上伟,陈华梅,吴康.一道取整函数 IMO 试题的推广[J].中学数学研究(华南师范大学版),2013(23):42-43

[91] 尹广金.一道美国数学奥林匹克试题的引伸[J].中学数学研究,2013(11):50.

[92] 熊斌,李秋生.第 54 届 IMO 试题解答[J].中等数学,2013(9):20-27.

[93] 杨同伟.一道 IMO 试题的向量解法及推广[J].中学生数学,2012(23):30.

[94] 李凤清,徐志军.第 42 届 IMO 第二题的证明与加强[J] 四川职业技术学院学报,2012(5):153-154.

[95] 熊斌.第 52 届 IMO 试题解答[J].中等数学,2011(9):16-20.

[96] 董志明.多元变量 局部调整——一道 IMO 试题的新解与推广[J].中等数学,

2011(9):96-98.

[97] 李建潮. 一道 IMO 试题的再加强与猜想的加强[J]. 河北理科教学研究,2011(1): 43-44.

[98] 边欣. 一道 IMO 试题的加强[J]. 数学通讯,2012(22):59-60.

[99] 郑日锋. 一个优美不等式与一道 IMO 试题同出一辙[J] 中等数学,2011(3):18-19.

[100] 李建潮. 一道 IMO 试题的再加强与猜想的加强[J] 河北理科教学研究,2011(1): 43-44.

[101] 李长朴. 一道国际数学奥林匹克试题的拓展[J]. 数学学习与研究,2010(23):95.

[102] 李歆. 对一道 IMO 试题的探究[J]. 数学教学,2010(11):47-48.

[103] 王森生. 对一道 IMO 试题猜想的再加强及证明[J]. 福建中学数学,2010(10):48.

[104] 郝志刚. 一道国际数学竞赛题的探究[J]. 数学通讯,2010(Z2):117-118.

[105] 王业和. 一道 IMO 试题的证明与推广[J]. 中学教研(数学),2010(10):46-47.

[106] 张蕾. 一道 IMO 试题的商榷与猜想[J]. 青春岁月,2010(18):121.

[107] 张俊. 一道 IMO 试题的又一漂亮推广[J]. 中学数学月刊,2010(8):43.

[108] 秦庆雄,范花妹. 一道第 42 届 IMO 试题加强的另一简证[J]. 数学通讯,2010(14): 59.

[109] 李建潮. 一道 IMO 试题的引申与瓦西列夫不等式[J] 河北理科教学研究,2010(3): 1-3.

[110] 边欣. 一道第 46 届 IMO 试题的加强[J]. 数学教学,2010(5):41-43.

[111] 杨万芳. 对一道 IMO 试题的探究[J] 福建中学数学,2010(4):49.

[112] 熊睿. 对一道 IMO 试题的探究[J]. 中等数学,2010(4):23.

[113] 徐国辉,舒红霞. 一道第 42 届 IMO 试题的再加强[J]. 数学通讯,2010(8):61.

[114] 周峻民,郑慧娟. 一道 IMO 试题的证明及其推广[J]. 中学教研(数学),2011(12): 41-43.

[115] 陈鸿斌. 一道 IMO 试题的加强与推广[J]. 中学数学研究,2011(11):49-50.

[116] 袁安全. 一道 IMO 试题的巧证[J]. 中学生数学,2010(8):35.

[117] 边欣. 一道第 50 届 IMO 试题的探究[J]. 数学教学,2010(3):10-12.

[118] 陈智国. 关于 IMO25-1 的推广[J]. 人力资源管理,2010(2):112-113.

[119] 薛相林. 一道 IMO 试题的类比拓广及简解[J]. 中学数学研究,2010(1):49.

[120] 王增强. 一道第 42 届 IMO 试题加强的简证[J]. 数学通讯,2010(2):61.

[121] 邵广钱. 一道 IMO 试题的另解[J]. 中学数学月刊,2009(10):43-44.

[122] 侯典峰. 一道 IMO 试题的加强与推广[J] 中学数学,2009(23):22-23.

[123] 朱华伟,付云皓. 第 50 届 IMO 试题解答[J]. 中等数学,2009(9):18-21.

[124] 边欣. 一道 IMO 试题的推广及简证[J]. 数学教学,2009(9):27,29.

[125] 朱华伟. 第 50 届 IMO 试题[J]. 中等数学,2009(8):50.

[126] 刘凯峰,龚浩生. 一道 IMO 试题的隔离与推广[J]. 中等数学,2009(7):19-20.

[127] 宋庆. 一道第 42 届 IMO 试题的加强[J]. 数学通讯,2009(10):43.

[128] 李建潮. 偶得一道 IMO 试题的指数推广[J]. 数学通讯,2009(10):44.

[129] 吴立宝,李长会. 一道 IMO 竞赛试题的证明[J]. 数学教学通讯,2009(12):64.

[130] 徐章韬. 一道 30 届 IMO 试题的别解[J]. 中学数学杂志,2009(3):45.

[131] 张俊. 一道 IMO 试题引发的探索[J]. 数学通讯,2009(4):31.

[132] 曹程锦. 一道第 49 届 IMO 试题的解题分析[J]. 数学通讯,2008(23):41.

[133] 刘松华,孙明辉,刘凯年. "化蝶"——一道 IMO 试题证明的探索[J]. 中学数学杂志, 2008(12):54-55.

[134] 安振平. 两道数学竞赛试题的链接[J]. 中小学数学(高中版),2008(10):45.

[135] 李建潮. 一道 IMO 试题引发的思索[J]. 中小学数学(高中版),2008(9):44-45.

[136] 熊斌,冯志刚. 第 49 届 IMO 试题解答[J] 中等数学,2008(9):封底.

[137] 边欣. 一道 IMO 试题结果的加强及应用[J]. 中学数学月刊,2008(9):29-30.

[138] 熊斌,冯志刚. 第 49 届 IMO 试题[J] 中等数学,2008(8):封底.

[139] 沈毅. 一道 IMO 试题的推广[J]. 中学数学月刊,2008(8):49.

[140] 令标. 一道 48 届 IMO 试题引申的别证[J]. 中学数学杂志,2008(8):44-45.

[141] 吕建恒. 第 48 届 IMO 试题 4 的简证[J]. 中学数学月刊,2008(7):40.

[142] 熊光汉. 对一道 IMO 试题的探究[J]. 中学数学杂志,2008(6):56.

[143] 沈毅,罗元建. 对一道 IMO 赛题的探析[J]. 中学教研(数学),2008(5):42-43

[144] 厉倩. 两道 IMO 试题探秘[J] 数理天地(高中版), 2008(4):21-22.

[145] 徐章韬. 从方差的角度解析一道 IMO 试题[J]. 中学数学杂志,2008(3):29.

[146] 令标. 一道 IMO 试题的别证[J]. 中学数学教学,2008(2):63-64.

[147] 李耀文. 一道 IMO 试题的别证[J]. 中学数学月刊,2008(2):52.

[148] 张伟新. 一道 IMO 试题的两种纯几何解法[J]. 中学数学月刊,2007(11):48.

[149] 朱华伟. 第 48 届 IMO 试题解答[J]. 中等数学,2007(9):20-22.

[150] 朱华伟. 第 48 届 IMO 试题 [J]. 中等数学,2007(8):封底.

[151] 边欣. 一道 IMO 试题结果的加强[J]. 数学教学,2007(3):49.

[152] 丁兴春. 一道 IMO 试题的推广[J]. 中学数学研究,2006(10):49-50.

[153] 李胜宏. 第 47 届 IMO 试题解答[J]. 中等数学,2006(9):22-24.

[154] 李胜宏. 第 47 届 IMO 试题 [J]. 中等数学,2006(8):封底.

[155] 傅启铭. 一道美国 IMO 试题变形后的推广[J]. 遵义师范学院学报,2006(1):74-75.

[156] 熊斌. 第 46 届 IMO 试题[J] 中等数学,2005(8):50.

[157] 文开庭. 一道 IMO 赛题的新隔离推广及其应用[J]. 毕节师范高等专科学校学报(综合版),2005(2):59-62.

[158] 熊斌,李建泉. 第 53 届 IMO 预选题(四)[J]. 中等数学,2013(12):21-25.

[159] 熊斌,李建泉. 第 53 届 IMO 预选题(三)[J]. 中等数学,2013(11):22-27.

[160] 熊斌,李建泉. 第 53 届 IMO 预选题(二)[J] 中等数学,2013(10):18-23

[161] 熊斌,李建泉. 第 53 届 IMO 预选题(一)[J]. 中等数学,2013(9):28-32.

[162] 王建荣,王旭. 简证一道 IMO 预选题[J]. 中等数学,2012(2):16-17.

[163] 熊斌,李建泉. 第 52 届 IMO 预选题(四)[J]. 中等数学,2012(12):18-22.

[164] 熊斌,李建泉. 第 52 届 IMO 预选题(三)[J]. 中等数学,2012(11):18-22.

[165] 李建泉. 第 51 届 IMO 预选题(四)[J]. 中等数学,2011(11):17-20.

[166] 李建泉. 第 51 届 IMO 预选题(三)[J]. 中等数学,2011(10):16-19.

[167] 李建泉. 第 51 届 IMO 预选题(二)[J]. 中等数学,2011(9):20-27.
[168] 李建泉. 第 51 届 IMO 预选题(一)[J]. 中等数学,2011(8):17-20.
[169] 高凯. 浅析一道 IMO 预选题[J]. 中等数学,2011(3):16-18.
[170] 娄姗姗. 利用等价形式证明一道 IMO 预选题[J]. 中等数学,2011(1):13,封底.
[171] 李奋平. 从最小数入手证明一道 IMO 预选题[J]. 中等数学,2011(1):14.
[172] 李赛. 一道 IMO 预选题的另证[J]. 中等数学,2011(1):15.
[173] 李建泉. 第 50 届 IMO 预选题(四)[J]. 中等数学,2010(11):19-22.
[174] 李建泉. 第 50 届 IMO 预选题(三)[J]. 中等数学,2010(10):19-22.
[175] 李建泉. 第 50 届 IMO 预选题(二)[J]. 中等数学,2010(9):21-27.
[176] 李建泉. 第 50 届 IMO 预选题(一)[J]. 中等数学,2010(8):19-22.
[177] 沈毅. 一道 49 届 IMO 预选题的推广[J]. 中学数学月刊,2010(04):45.
[178] 宋强. 一道第 47 届 IMO 预选题的简证[J]. 中等数学,2009(11):12.
[179] 李建泉. 第 49 届 IMO 预选题(四)[J]. 中等数学,2009(11):19-23.
[180] 李建泉. 第 49 届 IMO 预选题(三)[J]. 中等数学,2009(10):19-23.
[181] 李建泉. 第 49 届 IMO 预选题(二)[J]. 中等数学,2009(9):22-25.
[182] 李建泉. 第 49 届 IMO 预选题(一)[J]. 中等数学,2009(8):18-22.
[183] 李慧,郭璋. 一道 IMO 预选题的证明与推广[J]. 数学通讯,2009(22):45-47.
[184] 杨学枝. 一道 IMO 预选题的拓展与推广[J]. 中等数学,2009(7):18-19.
[185] 吴光耀,李世杰. 一道 IMO 预选题的推广[J]. 上海中学数学,2009(05):48.
[186] 李建泉. 第 48 届 IMO 预选题(四)[J]. 中等数学,2008(11):18-24.
[187] 李建泉. 第 48 届 IMO 预选题(三)[J]. 中等数学,2008(10):18-23.
[188] 李建泉. 第 48 届 IMO 预选题(二)[J]. 中等数学,2008(9):21-24.
[189] 李建泉. 第 48 届 IMO 预选题(一)[J]. 中等数学,2008(8):22-26.
[190] 苏化明. 一道 IMO 预选题的探讨[J]. 中等数学,2007(9):46-48.
[191] 李建泉. 第 47 届 IMO 预选题(下)[J]. 中等数学,2007(11):17-22.
[192] 李建泉. 第 47 届 IMO 预选题(中)[J]. 中等数学,2007(10):18-23.
[193] 李建泉. 第 47 届 IMO 预选题(上)[J]. 中等数学,2007(9):24-27.
[194] 沈毅. 一道 IMO 预选题的再探索[J]. 中学数学教学,2008(1):58-60.
[195] 刘才华. 一道 IMO 预选题的简证[J]. 中等数学,2007(8):24.
[196] 苏化明. 一道 IMO 预选题的探讨[J]. 中等数学,2007(9):19-20.
[197] 李建泉. 第 46 届 IMO 预选题(下)[J]. 中等数学,2006(11):19-24.
[198] 李建泉. 第 46 届 IMO 预选题(中)[J]. 中等数学,2006(10):22-25.
[199] 李建泉. 第 46 届 IMO 预选题(上)[J]. 中等数学,2006(9):25-28.
[200] 贯福春. 吴娃双舞醉芙蓉——一道 IMO 预选题赏析[J]. 中学生数学,2006(18):21,18.
[201] 杨学枝. 一道 IMO 预选题的推广[J]. 中等数学,2006(5):17.
[202] 邹宇,沈文选. 一道 IMO 预选题的再推广[J]. 中学数学研究,2006(4):49-50.
[203] 苏炜杰. 一道 IMO 预选题的简证[J]. 中等数学,2006(2):21.
[204] 李建泉. 第 45 届 IMO 预选题(下)[J]. 中等数学,2005(11):28-30.

[205] 李建泉. 第45届IMO预选题(中)[J]. 中等数学,2005(10):32-36.
[206] 李建泉. 第45届IMO预选题(上)[J]. 中等数学,2005(9):23-29.
[207] 苏化明. 一道IMO预选题的探索[J]. 中等数学,2005(9):9-10.
[208] 谷焕春,周金峰. 一道IMO预选题的推广[J]. 中等数学,2005(2):20.
[209] 李建泉. 第44届IMO预选题(下)[J]. 中等数学,2004(6):25-30.
[210] 李建泉. 第44届IMO预选题(上)[J]. 中等数学,2004(5):27-32.
[211] 方廷刚. 复数法简证一道IMO预选题[J]. 中学数学月刊,2004(11):42.
[212] 李建泉. 第43届IMO预选题(下)[J]. 中等数学,2003(6):28-30.
[213] 李建泉. 第43届IMO预选题(上)[J]. 中等数学,2003(5):25-31.
[214] 孙毅. 一道IMO预选题的简解[J]. 中等数学,2003(5):19.
[215] 宿晓阳. 一道IMO预选题的推广[J]. 中学数学月刊,2002(12):40.
[216] 李建泉. 第42届IMO预选题(下)[J]. 中等数学,2002(6):32-36.
[217] 李建泉. 第42届IMO预选题(上)[J]. 中等数学,2002(5):24-29.
[218] 宋庆,黄伟民. 一道IMO预选题的推广[J]. 中等数学,2002(6):43.
[219] 李建泉. 第41届IMO预选题(下)[J]. 中等数学,2002(1):33-39.
[220] 李建泉. 第41届IMO预选题(中)[J]. 中等数学,2001(6):34-37.
[221] 李建泉. 第41届IMO预选题(上)[J]. 中等数学,2001(5):32-36.
[222] 方廷刚. 一道IMO预选题再解[J]. 中学数学月刊,2002(05):43.
[223] 蒋太煌. 第39届IMO预选题8的简证[J]. 中等数学,2001(5):22-23.
[224] 张赟. 一道IMO预选题的推广[J]. 中等数学,2001(2):26.
[225] 林运成. 第39届IMO预选题8别证[J]. 中等数学,2001(1):22.
[226] 李建泉. 第40届IMO预选题(上)[J]. 中等数学,2000(5):33-36.
[227] 李建泉. 第40届IMO预选题(中)[J]. 中等数学,2000(6):35-37.
[228] 李建泉. 第41届IMO预选题(下)[J]. 中等数学,2001(1):35-39.
[229] 李来敏. 一道IMO预选题的三种初等证法及推广[J]. 中学数学教学,2000(3):38-39.
[230] 李来敏. 一道IMO预选题的两种证法[J]. 中学数学月刊,2000(3):48.
[231] 张善立. 一道IMO预选题的指数推广[J]. 中等数学,1999(5):24.
[232] 云保奇. 一道IMO预选题的另一个结论[J]. 中等数学,1999(4):21.
[233] 辛慧. 第38届IMO预选题解答(上)[J]. 中等数学,1998(5):28-31.
[234] 李直. 第38届IMO预选题解答(中)[J]. 中等数学,1998(6):31-35.
[235] 冼声. 第38届IMO预选题解答(中)[J]. 中等数学,1999(1):32-38.
[236] 石卫国. 一道IMO预选题的推广[J]. 陕西教育学院学报,1998(4):72-73.
[237] 张赟. 一道IMO预选题的引申[J]. 中等数学,1998(3):22-23.
[238] 安金鹏,李宝毅. 第37届IMO预选题及解答(上)[J]. 中等数学,1997(6):33-37.
[239] 安金鹏,李宝毅. 第37届IMO预选题及解答(下)[J]. 中等数学,1998(1):34-40.
[240] 刘江枫,李学武. 第37届IMO预选题[J]. 中等数学,1997(5):30-32.
[241] 党庆寿. 一道IMO预选题的简解[J]. 中学数学月刊,1997(8):43-44.
[242] 黄汉生. 一道IMO预选题的加强[J]. 中等数学,1997(3):17.

[243] 贝嘉禄. 一道国际竞赛预选题的加强[J]. 中学数学月刊,1997(6):26-27.

[244] 王富英. 一道 IMO 预选题的推广及其应用[J]. 中学数学教学参,1997(8~9):74-75.

[245] 孙哲. 一道 IMO 预选题的简证与加强[J]. 中等数学,1996(3):18.

[246] 李学武. 第 36 届 IMO 预选题及解答(下)[J]. 中等数学,1996(6):26-29,37.

[247] 张善立. 一道 IMO 预选题的简证[J]. 中等数学,1996(10):36.

[248] 李建泉. 利用根轴的性质解一道 IMO 预选题[J]. 中等数学,1996(4):14.

[249] 黄虎. 一道 IMO 预选题妙解及推广[J]. 中等数学,1996(4):15.

[250] 严鹏. 一道 IMO 预选题探讨[J]. 中等数学,1996(2):16.

[251] 杨桂芝. 第 34 届 IMO 预选题解答(上)[J]. 中等数学,1995(6):28-31.

[252] 杨桂芝. 第 34 届 IMO 预选题解答(中)[J]. 中等数学,1996(1):29-31.

[253] 杨桂芝. 第 34 届 IMO 预选题解答(下)[J]. 中等数学,1996(2):21-23.

[254] 舒金银. 一道 IMO 预选题简证[J]. 中等数学,1995(1):16-17.

[255] 黄宣国,夏兴国. 第 35 届 IMO 预选题[J]. 中等数学,1994(5):19-20.

[256] 苏淳,严镇军. 第 33 届 IMO 预选题[J]. 中等数学,1993(2):19-20.

[257] 耿立顺. 一道 IMO 预选题的简单解法[J]. 中学教研,1992(05):26.

[258] 苏化明. 谈一道 IMO 预选题[J]. 中学教研,1992(05):28-30.

[259] 黄玉民. 第 32 届 IMO 预选题及解答[J]. 中等数学,1992(1):22-34.

[260] 朱华伟. 一道 IMO 预选题的溯源及推广[J]. 中学数学,1991(03):45-46.

[261] 蔡玉书. 一道 IMO 预选题的推广[J]. 中等数学,1990(6):9.

[262] 第 31 届 IMO 选题委员会. 第 31 届 IMO 预选题解答[J]. 中等数学,1990(5):7-22,封底.

[263] 单墫,刘亚强. 第 30 届 IMO 预选题解答[J]. 中等数学,1989(5):6-17.

[264] 苏化明. 一道 IMO 预选题的推广及应用[J]. 中等数学,1989(4):16-19.

后记 | Postscript

  行为的背后是动机,编一部洋洋 80 万言的书一定要有很强的动机才行,借后记不妨和盘托出.

  首先,这是一本源于"匮乏"的书.1976 年编者初中一年级,时值"文化大革命"刚刚结束,物质产品与精神产品极度匮乏,学校里薄薄的数学教科书只有几个极简单的习题,根本满足不了学习的需要.当时全国书荒,偌大的书店无书可寻,学生无题可做,在这种情况下,笔者的班主任郭清泉老师便组织学生自编习题集.如果说忠诚党的教育事业不仅仅是一个口号的话,那么郭老师确实做到了.在其个人生活极为困顿的岁月里,他拿出多年珍藏的数学课外书领着一批初中学生开始选题、刻钢板、推油辊.很快一本本散发着油墨清香的习题集便发到了每个同学的手中,喜悦之情难以名状,正如高尔基所说:"像饥饿的人扑到了面包上."当时电力紧张经常停电,晚上写作业时常点蜡烛,冬夜,烛光如豆,寒气逼人,伏案演算着自己编的数学题,沉醉其中,物我两忘.30 年后同样的冬夜,灯光如昼,温暖如夏,坐拥书城,竟茫然不知所措,此时方觉匮乏原来也是一种美(想想西南联大当时在山洞里、在防空洞中,学数学学成了多少大师级人物.日本战后恢复期产生了三位物理学诺贝尔奖获得者,如汤川秀树等,以及高木贞治、小平邦彦、广中平佑的成长都证明了这一点),可惜现在的学生永远也体验不到那种意境了(中国人也许是世界上最讲究意境的,所谓"雪夜闭门读禁书",也是一种意境),所以编此书颇有怀旧之感.有趣的是后来这次经历竟在笔者身上产生了"异化",抄习题的乐趣多于做习题,比为买椟还珠不以为过,四处收集含有习题的数学著作,从吉米多维奇到菲赫金哥尔茨,从斯米尔诺夫到维诺格拉朵夫,从笹部贞市郎到哈尔莫斯,乐此不疲。凡30年几近偏执,朋友戏称:"这是一种不需治疗的精神病。"虽然如此,毕竟染此"病症"后容易忽视生活中那些原本的乐趣。这有些像葛朗台用金币碰撞的叮当声取代了花金币的真实快感一样。匮乏带给人的除了美感之外,更多的是恐惧。中国科学院数学研究所数论室主任徐广善先生来哈尔滨工业大学讲课,课余时曾透露过陈景润先生生前的一个小秘密(曹珍富教授转述,编者未加核实)。陈先生的一只抽屉中存有多只快生锈的上海牌手表。这个不可思议的现象源于当年陈先生所经历过的可怕的匮乏。大学刚毕业,分到北京四中,后被迫离开,衣食无着,生活窘迫,后虽好转,但那次经历给陈先生留下了深刻记忆,为防止以后再次陷于匮乏,就买了当时陈先生认为在中国最能保值增值的上海牌手表,以备不测。像经历过饥饿的田鼠会疯狂地往洞里搬运食物一样,经历过如饥似渴却无题可做的编者在潜意识中总是觉得题少,只有手中有大量习题集,心里才觉安稳。所以很多时候表面看是一种热爱,但更深层次却是恐惧,是缺少富足感的体现。

其次,这是一本源于"传承"的书。哈尔滨作为全国解放最早的城市,开展数学竞赛活动也是很早的,早期哈尔滨工业大学的吴从炘教授、黑龙江大学的颜秉海教授、船舶工程学院(现哈尔滨工程大学)的戴遗山教授、哈尔滨师范大学的吕庆祝教授作为先行者为哈尔滨的数学竞赛活动打下了基础,定下了格调。中期哈尔滨市教育学院王翠满教授、王万祥教授、时承权教授,哈尔滨师专的冯宝琦教授、陆子采教授,哈尔滨师范大学的贾广聚教授,黑龙江大学的王路群教授、曹重光教授,哈三中的周建成老师,哈一中的尚杰老师,哈师大附中的沙洪泽校长,哈六中的董乃培老师,为此作出了长期的努力。上世纪80年代中期开始,一批中青年数学工作者开始加入,主要有哈尔滨工业大学的曹珍富教授、哈师大附中的李修福老师及笔者。90年代中期,哈尔滨的数学奥林匹克活动渐入佳境,又有像哈师大附中刘利益等老师加入进来,但在高等学校中由于搞数学竞赛研究既不算科研又不计入工作量,所以再坚持难免会被边缘化,于是研究人员逐渐以中学教师为主,在高校中近乎绝迹。2008年CMO在哈尔滨举行,大型专业杂志《数学奥林匹克与数学文化》创刊,好戏连台,让哈尔滨的数学竞赛事业再度辉煌。

第三,这是一本源于"氛围"的书。很难想像速滑运动员产生于非洲,也无法相信深山古刹之外会有高僧。环境与氛围至关重要。在整个社会日益功利化、世俗化、利益化、平面化的大背景下,编者师友们所营造的小的氛围影响着其中每个人的道路选择,以学有专长为荣,不学无术为耻的价值观点互相感染、共同坚守,用韩波博士的话讲,这已是我们这台计算机上的硬件。赖于此,本书的出炉便在情理之中,所以理应致以敬意,借此向王忠玉博士、张本祥博士、郭梦书博士、吕书臣博士、康大臣博士、刘孝廷博士、刘晓燕博士、王延青博士、钟德寿博士、薛小平博士、韩波博士、李龙锁博士、刘绍武博士对笔者多年的关心与鼓励致以诚挚的谢意,特别是尚琥教授在编者即将放弃之际给予的坚定的支持。

第四,这是一个"蝴蝶效应"的产物。如果说人的成长过程具有一点动力系统迭代的特征的话,那么其方程一定是非线性的,即对初始条件具有敏感依赖的,俗称"蝴蝶效应"。简单说就是一个微小的"扰动"会改变人生的轨迹,如著名拓扑学家,纽结大师王诗宬1977年时还是一个喜欢中国文学史的插队知青,一次他到北京去游玩,坐332路车去颐和园,看见"北京大学"四个字,就跳下车进入校门,当时他的脑子中正在想一个简单的数学问题(大多数时候他都是在推敲几句诗),就是六个人的聚会上总有三个人认识或三个人不认识(用数学术语说就是6阶2色完全图中必有单色3阶子图存在),然后碰到一个老师,就问他,他说你去问姜伯驹老师(我国著名数学家姜亮夫之子),姜伯驹老师的办公室就在我办公室对面。而当他找到姜伯驹教授时,姜伯驹说为什么不来试试学数学,于是一句话,一辈子,有了今天北京大学数学所的王诗宬副所长(《世纪大讲堂》,第2辑,辽宁人民出版社,2003:128—149)。可以设想假如他遇到的是季羡林或俞平伯,今天该会是怎样。同样可以设想,如果编者初中的班主任老师是一位体育老师,足球健将的话,那么今天可能会多一位超级球迷"罗西",少一位执着的业余数学爱好者,也绝不会有本书的出现。

第五,这也是一本源于"尴尬"的书。编者高中就读于一所具有数学竞赛传统的学校,班主任是学校主抓数学竞赛的沙洪泽老师。当时成立数学兴趣小组时,同学们非常踊跃,但名额有限,可能是沙老师早已发现编者并无数学天分所以不被选中,再次申请并请姐姐(在同校高二年级)去求情均未果。遂产生逆反心理,后来坚持以数学谋生,果真由于天资不足,屡战屡败,虽自我鼓励,屡败再屡战,但其结果仍如寒山子诗所说:"用力磨碌砖,那堪将作镜。"直至而立之年,幡然悔悟,但

"贼船"既上,回头已晚,彻底告别又心有不甘,于是以业余身份尴尬地游走于业界近 15 年,才有今天此书问世.

看来如果当初沙老师增加一个名额让编者尝试一下,后再知难而退,结果可能会皆大欢喜.但有趣的是当年竞赛小组的人竟无一人学数学专业,也无一人从事数学工作.看来教育是很值得研究的,"欲擒故纵"也不失为一种好方法.沙老师后来也放弃了数学教学工作,从事领导工作,转而研究教育,颇有所得,还出版了专著《教育——为了人的幸福》(教育科学出版社,2005),对此进行了深入研究.

最后,这也是一本源于"信心"的书.近几年,一些媒体为了吸引眼球,不惜把中国在国际上处于领先地位的数学奥林匹克妖魔化且多方打压,此时编写这本题集是有一定经济风险的.但编者坚信中国人对数学是热爱的.利玛窦、金尼阁指出:"多少世纪以来,上帝表现了不只用一种方法把人们吸引到他身边.垂钓人类的渔人以自己特殊的方法吸引人们的灵魂落入他的网中,也就不足为奇了.任何可能认为伦理学、物理学和数学在教会工作中并不重要的人,都是不知道中国人的口味的,他们缓慢地服用有益的精神药物,除非它有知识的佐料增添味道."(利玛窦,金尼阁,著.《利玛窦中国札记》.何高济,王遵仲,李申,译.何兆武,校.中华书局,1983,P347).中国的广大中学生对数学竞赛活动是热爱的,是能够被数学所吸引的,对此我们有充分的信心.而且,奥林匹克之于中国就像围棋之于日本,足球之于巴西,瑜伽之于印度一样,在世界上有品牌优势.2001 年笔者去新西兰探亲,在奥克兰的一份中文报纸上看到一则广告,赫然写着中国内地教练专教奥数,打电话过去询问,对方声音甜美,颇富乐感,原来是毕业于沈阳音乐学院的女学生,在新西兰找工作四处碰壁后,想起在大学念书期间勤工俭学时曾辅导过小学生奥数,所以,便想一试身手,果真有家长把小孩送来,她便也以教练自居,可见数学奥林匹克已经成为一种类似于中国制造的品牌.出版这样的书,担心何来呢!

数学无国界,它是人类最共性的语言.数学超理性多呈冰冷状,所以一个个性化的,充满个体真情实感的后记是需要的,虽然难免有自恋之嫌,但毕竟带来一丝人气.

刘培杰

2014 年 9 月

哈尔滨工业大学出版社刘培杰数学工作室
已出版(即将出版)图书目录

书　　名	出版时间	定　价	编号
新编中学数学解题方法全书(高中版)上卷	2007—09	38.00	7
新编中学数学解题方法全书(高中版)中卷	2007—09	48.00	8
新编中学数学解题方法全书(高中版)下卷(一)	2007—09	42.00	17
新编中学数学解题方法全书(高中版)下卷(二)	2007—09	38.00	18
新编中学数学解题方法全书(高中版)下卷(三)	2010—06	58.00	73
新编中学数学解题方法全书(初中版)上卷	2008—01	28.00	29
新编中学数学解题方法全书(初中版)中卷	2010—07	38.00	75
新编中学数学解题方法全书(高考复习卷)	2010—01	48.00	67
新编中学数学解题方法全书(高考真题卷)	2010—01	38.00	62
新编中学数学解题方法全书(高考精华卷)	2011—03	68.00	118
新编平面解析几何解题方法全书(专题讲座卷)	2010—01	18.00	61
新编中学数学解题方法全书(自主招生卷)	2013—08	88.00	261
数学眼光透视	2008—01	38.00	24
数学思想领悟	2008—01	38.00	25
数学应用展观	2008—01	38.00	26
数学建模导引	2008—01	28.00	23
数学方法溯源	2008—01	38.00	27
数学史话览胜	2008—01	28.00	28
数学思维技术	2013—09	38.00	260
从毕达哥拉斯到怀尔斯	2007—10	48.00	9
从迪利克雷到维斯卡尔迪	2008—01	48.00	21
从哥德巴赫到陈景润	2008—05	98.00	35
从庞加莱到佩雷尔曼	2011—08	138.00	136
数学解题中的物理方法	2011—06	28.00	114
数学解题的特殊方法	2011—06	48.00	115
中学数学计算技巧	2012—01	48.00	116
中学数学证明方法	2012—01	58.00	117
数学趣题巧解	2012—03	28.00	128
三角形中的角格点问题	2013—01	88.00	207
含参数的方程和不等式	2012—09	28.00	213

哈尔滨工业大学出版社刘培杰数学工作室
已出版(即将出版)图书目录

书　名	出版时间	定　价	编号
数学奥林匹克与数学文化(第一辑)	2006—05	48.00	4
数学奥林匹克与数学文化(第二辑)(竞赛卷)	2008—01	48.00	19
数学奥林匹克与数学文化(第二辑)(文化卷)	2008—07	58.00	36′
数学奥林匹克与数学文化(第三辑)(竞赛卷)	2010—01	48.00	59
数学奥林匹克与数学文化(第四辑)(竞赛卷)	2011—08	58.00	87
数学奥林匹克与数学文化(第五辑)	2014—09		370
发展空间想象力	2010—01	38.00	57
走向国际数学奥林匹克的平面几何试题诠释(上、下)(第1版)	2007—01	68.00	11,12
走向国际数学奥林匹克的平面几何试题诠释(上、下)(第2版)	2010—02	98.00	63,64
平面几何证明方法全书	2007—08	35.00	1
平面几何证明方法全书习题解答(第1版)	2005—10	18.00	2
平面几何证明方法全书习题解答(第2版)	2006—12	18.00	10
平面几何天天练上卷·基础篇(直线型)	2013—01	58.00	208
平面几何天天练中卷·基础篇(涉及圆)	2013—01	28.00	234
平面几何天天练下卷·提高篇	2013—01	58.00	237
平面几何专题研究	2013—07	98.00	258
最新世界各国数学奥林匹克中的平面几何试题	2007—09	38.00	14
数学竞赛平面几何典型题及新颖解	2010—07	48.00	74
初等数学复习及研究(平面几何)	2008—09	58.00	38
初等数学复习及研究(立体几何)	2010—06	38.00	71
初等数学复习及研究(平面几何)习题解答	2009—01	48.00	42
世界著名平面几何经典著作钩沉——几何作图专题卷(上)	2009—06	48.00	49
世界著名平面几何经典著作钩沉——几何作图专题卷(下)	2011—01	88.00	80
世界著名平面几何经典著作钩沉(民国平面几何老课本)	2011—03	38.00	113
世界著名解析几何经典著作钩沉——平面解析几何卷	2014—01	38.00	273
世界著名数论经典著作钩沉(算术卷)	2012—01	28.00	125
世界著名数学经典著作钩沉——立体几何卷	2011—02	28.00	88
世界著名三角学经典著作钩沉(平面三角卷Ⅰ)	2010—06	28.00	69
世界著名三角学经典著作钩沉(平面三角卷Ⅱ)	2011—01	38.00	78
世界著名初等数论经典著作钩沉(理论和实用算术卷)	2011—07	38.00	126
几何学教程(平面几何卷)	2011—03	68.00	90
几何学教程(立体几何卷)	2011—07	68.00	130
几何变换与几何证题	2010—06	88.00	70
计算方法与几何证题	2011—06	28.00	129
立体几何技巧与方法	2014—04	88.00	293
几何瑰宝——平面几何500名题暨1000条定理(上、下)	2010—07	138.00	76,77
三角形的解法与应用	2012—07	18.00	183
近代的三角形几何学	2012—07	48.00	184
一般折线几何学	即将出版	58.00	203
三角形的五心	2009—06	28.00	51
三角形趣谈	2012—08	28.00	212
解三角形	2014—01	28.00	265
三角学专门教程	2014—09	28.00	387
距离几何分析导引	2015—02	68.00	446

哈尔滨工业大学出版社刘培杰数学工作室
已出版(即将出版)图书目录

书　名	出版时间	定　价	编号
圆锥曲线习题集(上册)	2013—06	68.00	255
圆锥曲线习题集(中册)	2015—01	78.00	434
圆锥曲线习题集(下册)	即将出版		
俄罗斯平面几何问题集	2009—08	88.00	55
俄罗斯立体几何问题集	2014—03	58.00	283
俄罗斯几何大师——沙雷金论数学及其他	2014—01	48.00	271
来自俄罗斯的5000道几何习题及解答	2011—03	58.00	89
俄罗斯初等数学问题集	2012—05	38.00	177
俄罗斯函数问题集	2011—03	38.00	103
俄罗斯组合分析问题集	2011—01	48.00	79
俄罗斯初等数学万题选——三角卷	2012—11	38.00	222
俄罗斯初等数学万题选——代数卷	2013—08	68.00	225
俄罗斯初等数学万题选——几何卷	2014—01	68.00	226
463个俄罗斯几何老问题	2012—01	28.00	152
近代欧氏几何学	2012—03	48.00	162
罗巴切夫斯基几何学及几何基础概要	2012—07	28.00	188
用三角、解析几何、复数、向量计算解数学竞赛几何题	2015—03	48.00	455
美国中学几何教程	2015—04	88.00	458
三线坐标与三角形特征点	2015—04	98.00	460
超越吉米多维奇——数列的极限	2009—11	48.00	58
超越普里瓦洛夫——留数卷	2015—01	28.00	437
Barban Davenport Halberstam均值和	2009—01	40.00	33
初等数论难题集(第一卷)	2009—05	68.00	44
初等数论难题集(第二卷)(上、下)	2011—02	128.00	82,83
谈谈素数	2011—03	18.00	91
平方和	2011—03	18.00	92
数论概貌	2011—03	18.00	93
代数数论(第二版)	2013—08	58.00	94
代数多项式	2014—06	38.00	289
初等数论的知识与问题	2011—02	28.00	95
超越数论基础	2011—03	28.00	96
数论初等教程	2011—03	28.00	97
数论基础	2011—03	18.00	98
数论基础与维诺格拉多夫	2014—03	18.00	292
解析数论基础	2012—08	28.00	216
解析数论基础(第二版)	2014—01	48.00	287
解析数论问题集(第二版)	2014—05	88.00	343
解析几何研究	2015—01	38.00	425
初等几何研究	2015—02	58.00	444
数论入门	2011—03	38.00	99
代数数论入门	2015—03	38.00	448
数论开篇	2012—07	28.00	194
解析数论引论	2011—03	48.00	100

哈尔滨工业大学出版社刘培杰数学工作室
已出版(即将出版)图书目录

书　名	出版时间	定　价	编号
复变函数引论	2013—10	68.00	269
伸缩变换与抛物旋转	2015—01	38.00	449
无穷分析引论(上)	2013—04	88.00	247
无穷分析引论(下)	2013—04	98.00	245
数学分析	2014—04	28.00	338
数学分析中的一个新方法及其应用	2013—01	38.00	231
数学分析例选:通过范例学技巧	2013—01	88.00	243
三角级数论(上册)(陈建功)	2013—01	38.00	232
三角级数论(下册)(陈建功)	2013—01	48.00	233
三角级数论(哈代)	2013—06	48.00	254
基础数论	2011—03	28.00	101
超越数	2011—03	18.00	109
三角和方法	2011—03	18.00	112
谈谈不定方程	2011—05	28.00	119
整数论	2011—05	38.00	120
随机过程(Ⅰ)	2014—01	78.00	224
随机过程(Ⅱ)	2014—01	68.00	235
整数的性质	2012—11	38.00	192
初等数论100例	2011—05	18.00	122
初等数论经典例题	2012—07	18.00	204
最新世界各国数学奥林匹克中的初等数论试题(上、下)	2012—01	138.00	144,145
算术探索	2011—12	158.00	148
初等数论(Ⅰ)	2012—01	18.00	156
初等数论(Ⅱ)	2012—01	18.00	157
初等数论(Ⅲ)	2012—01	28.00	158
组合数学	2012—04	28.00	178
组合数学浅谈	2012—03	28.00	159
同余理论	2012—05	38.00	163
丢番图方程引论	2012—03	48.00	172
平面几何与数论中未解决的新老问题	2013—01	68.00	229
法雷级数	2014—08	18.00	367
代数数论简史	2014—11	28.00	408
摆线族	2015—01	38.00	438
拉普拉斯变换及其应用	2015—02	38.00	447
历届美国中学生数学竞赛试题及解答(第一卷)1950—1954	2014—07	18.00	277
历届美国中学生数学竞赛试题及解答(第二卷)1955—1959	2014—04	18.00	278
历届美国中学生数学竞赛试题及解答(第三卷)1960—1964	2014—06	18.00	279
历届美国中学生数学竞赛试题及解答(第四卷)1965—1969	2014—04	28.00	280
历届美国中学生数学竞赛试题及解答(第五卷)1970—1972	2014—06	18.00	281
历届美国中学生数学竞赛试题及解答(第七卷)1981—1986	2015—01	18.00	424

哈尔滨工业大学出版社刘培杰数学工作室
已出版（即将出版）图书目录

书　名	出版时间	定价	编号
历届 IMO 试题集(1959—2005)	2006—05	58.00	5
历届 CMO 试题集	2008—09	28.00	40
历届中国数学奥林匹克试题集	2014—10	38.00	394
历届加拿大数学奥林匹克试题集	2012—08	38.00	215
历届美国数学奥林匹克试题集：多解推广加强	2012—08	38.00	209
历届波兰数学竞赛试题集.第1卷,1949～1963	2015—03	18.00	453
历届波兰数学竞赛试题集.第2卷,1964～1976	2015—03	18.00	454
保加利亚数学奥林匹克	2014—10	38.00	393
圣彼得堡数学奥林匹克试题集	2015—01	48.00	429
历届国际大学生数学竞赛试题集(1994—2010)	2012—01	28.00	143
全国大学生数学夏令营数学竞赛试题及解答	2007—03	28.00	15
全国大学生数学竞赛辅导教程	2012—07	28.00	189
全国大学生数学竞赛复习全书	2014—04	48.00	340
历届美国大学生数学竞赛试题集	2009—03	88.00	43
前苏联大学生数学奥林匹克竞赛题解(上编)	2012—04	28.00	169
前苏联大学生数学奥林匹克竞赛题解(下编)	2012—04	38.00	170
历届美国数学邀请赛试题集	2014—01	48.00	270
全国高中数学竞赛试题及解答.第1卷	2014—07	38.00	331
大学生数学竞赛讲义	2014—09	28.00	371
高考数学临门一脚(含密押三套卷)(理科版)	2015—01	24.80	421
高考数学临门一脚(含密押三套卷)(文科版)	2015—01	24.80	422
整函数	2012—08	18.00	161
多项式和无理数	2008—01	68.00	22
模糊数据统计学	2008—03	48.00	31
模糊分析学与特殊泛函空间	2013—01	68.00	241
受控理论与解析不等式	2012—05	78.00	165
解析不等式新论	2009—06	68.00	48
反问题的计算方法及应用	2011—11	28.00	147
建立不等式的方法	2011—03	98.00	104
数学奥林匹克不等式研究	2009—08	68.00	56
不等式研究(第二辑)	2012—02	68.00	153
初等数学研究(Ⅰ)	2008—09	68.00	37
初等数学研究(Ⅱ)(上、下)	2009—05	118.00	46,47
中国初等数学研究　2009卷(第1辑)	2009—05	20.00	45
中国初等数学研究　2010卷(第2辑)	2010—05	30.00	68
中国初等数学研究　2011卷(第3辑)	2011—07	60.00	127
中国初等数学研究　2012卷(第4辑)	2012—07	48.00	190
中国初等数学研究　2014卷(第5辑)	2014—02	48.00	288
数阵及其应用	2012—02	28.00	164
绝对值方程—折边与组合图形的解析研究	2012—07	48.00	186
不等式的秘密(第一卷)	2012—02	28.00	154
不等式的秘密(第一卷)(第2版)	2014—02	38.00	286
不等式的秘密(第二卷)	2014—01	38.00	268

哈尔滨工业大学出版社刘培杰数学工作室
已出版(即将出版)图书目录

书　名	出版时间	定　价	编号
初等不等式的证明方法	2010—06	38.00	123
初等不等式的证明方法(第二版)	2014—11	38.00	407
数学奥林匹克在中国	2014—06	98.00	344
数学奥林匹克问题集	2014—01	38.00	267
数学奥林匹克不等式散论	2010—06	38.00	124
数学奥林匹克不等式欣赏	2011—09	38.00	138
数学奥林匹克超级题库(初中卷上)	2010—01	58.00	66
数学奥林匹克不等式证明方法和技巧(上、下)	2011—08	158.00	134,135
近代拓扑学研究	2013—04	38.00	239
新编640个世界著名数学智力趣题	2014—01	88.00	242
500个最新世界著名数学智力趣题	2008—06	48.00	3
400个最新世界著名数学最值问题	2008—09	48.00	36
500个世界著名数学征解问题	2009—06	48.00	52
400个中国最佳初等数学征解老问题	2010—01	48.00	60
500个俄罗斯数学经典老题	2011—01	28.00	81
1000个国外中学物理好题	2012—04	48.00	174
300个日本高考数学题	2012—05	38.00	142
500个前苏联早期高考数学试题及解答	2012—05	28.00	185
546个早期俄罗斯大学生数学竞赛题	2014—03	38.00	285
548个来自美苏的数学好问题	2014—11	28.00	396
20所苏联著名大学早期入学试题	2015—02	18.00	452
德国讲义日本考题.微积分卷	2015—04	48.00	456
德国讲义日本考题.微分方程卷	2015—04	38.00	457
博弈论精粹	2008—03	58.00	30
博弈论精粹.第二版(精装)	2015—01	78.00	461
数学 我爱你	2008—01	28.00	20
精神的圣徒 别样的人生——60位中国数学家成长的历程	2008—09	48.00	39
数学史概论	2009—06	78.00	50
数学史概论(精装)	2013—03	158.00	272
斐波那契数列	2010—02	28.00	65
数学拼盘和斐波那契魔方	2010—07	38.00	72
斐波那契数列欣赏	2011—01	28.00	160
数学的创造	2011—02	48.00	85
数学中的美	2011—02	38.00	84
数论中的美学	2014—12	38.00	351
数学王者 科学巨人——高斯	2015—01	28.00	428
王连笑教你怎样学数学:高考选择题解题策略与客观题实用训练	2014—01	48.00	262
王连笑教你怎样学数学:高考数学高层次讲座	2015—02	48.00	432
最新全国及各省市高考数学试卷解法研究及点拨评析	2009—02	38.00	41
高考数学的理论与实践	2009—08	38.00	53
中考数学专题总复习	2007—04	28.00	6
向量法巧解数学高考题	2009—08	28.00	54
高考数学核心题型解题方法与技巧	2010—01	28.00	86
高考思维新平台	2014—03	38.00	259
数学解题——靠数学思想给力(上)	2011—07	38.00	131
数学解题——靠数学思想给力(中)	2011—07	48.00	132
数学解题——靠数学思想给力(下)	2011—07	38.00	133

哈尔滨工业大学出版社刘培杰数学工作室
已出版(即将出版)图书目录

书 名	出版时间	定 价	编号
我怎样解题	2013—01	48.00	227
和高中生漫谈：数学与哲学的故事	2014—08	28.00	369
2011年全国及各省市高考数学试题审题要津与解法研究	2011—10	48.00	139
2013年全国及各省市高考数学试题解析与点评	2014—01	48.00	282
全国及各省市高考数学试题审题要津与解法研究	2015—02	48.00	450
新课标高考数学——五年试题分章详解(2007～2011)(上、下)	2011—10	78.00	140,141
30分钟拿下高考数学选择题、填空题(第二版)	2012—01	28.00	146
全国中考数学压轴题审题要津与解法研究	2013—04	78.00	248
新编全国及各省市中考数学压轴题审题要津与解法研究	2014—05	58.00	342
全国及各省市5年中考数学压轴题审题要津与解法研究	2015—04	58.00	462
高考数学压轴题解题诀窍(上)	2012—02	78.00	166
高考数学压轴题解题诀窍(下)	2012—03	28.00	167
自主招生考试中的参数方程问题	2015—01	28.00	435
自主招生考试中的极坐标问题	2015—04	28.00	463
近年全国重点大学自主招生数学试题全解及研究.华约卷	2015—02	38.00	441
近年全国重点大学自主招生数学试题全解及研究.北约卷	即将出版		

书 名	出版时间	定 价	编号
格点和面积	2012—07	18.00	191
射影几何趣谈	2012—04	28.00	175
斯潘纳尔引理——从一道加拿大数学奥林匹克试题谈起	2014—01	28.00	228
李普希兹条件——从几道近年高考数学试题谈起	2012—10	18.00	221
拉格朗日中值定理——从一道北京高考试题的解法谈起	2012—10	18.00	197
闵科夫斯基定理——从一道清华大学自主招生试题谈起	2014—01	28.00	198
哈尔测度——从一道冬令营试题的背景谈起	2012—08	28.00	202
切比雪夫逼近问题——从一道中国台北数学奥林匹克试题谈起	2013—04	38.00	238
伯恩斯坦多项式与贝齐尔曲面——从一道全国高中数学联赛试题谈起	2013—03	38.00	236
卡塔兰猜想——从一道普特南竞赛试题谈起	2013—06	18.00	256
麦卡锡函数和阿克曼函数——从一道前南斯拉夫数学奥林匹克试题谈起	2012—08	18.00	201
贝蒂定理与拉姆贝克莫斯尔定理——从一个拣石子游戏谈起	2012—08	18.00	217
皮亚诺曲线和豪斯道夫分球定理——从无限集谈起	2012—08	18.00	211
平面凸图形与凸多面体	2012—10	28.00	218
斯坦因豪斯问题——从一道二十五省市自治区中学数学竞赛试题谈起	2012—07	18.00	196
纽结理论中的亚历山大多项式与琼斯多项式——从一道北京市高一数学竞赛试题谈起	2012—07	28.00	195
原则与策略——从波利亚"解题表"谈起	2013—04	38.00	244
转化与化归——从三大尺规作图不能问题谈起	2012—08	28.00	214
代数几何中的贝祖定理(第一版)——从一道IMO试题的解法谈起	2013—08	18.00	193
成功连贯理论与约当块理论——从一道比利时数学竞赛试题谈起	2012—04	18.00	180
磨光变换与范·德·瓦尔登猜想——从一道环球城市竞赛试题谈起	即将出版		
素数判定与大数分解	2014—08	18.00	199
置换多项式及其应用	2012—10	18.00	220
椭圆函数与模函数——从一道美国加州大学洛杉矶分校(UCLA)博士资格考题谈起	2012—10	28.00	219

哈尔滨工业大学出版社刘培杰数学工作室
已出版(即将出版)图书目录

书　名	出版时间	定　价	编号
差分方程的拉格朗日方法——从一道 2011 年全国高考理科试题的解法谈起	2012—08	28.00	200
力学在几何中的一些应用	2013—01	38.00	240
高斯散度定理、斯托克斯定理和平面格林定理——从一道国际大学生数学竞赛试题谈起	即将出版		
康托洛维奇不等式——从一道全国高中联赛试题谈起	2013—03	28.00	337
西格尔引理——从一道第 18 届 IMO 试题的解法谈起	即将出版		
罗斯定理——从一道前苏联数学竞赛试题谈起	即将出版		
拉克斯定理和阿廷定理——从一道 IMO 试题的解法谈起	2014—01	58.00	246
毕卡大定理——从一道美国大学数学竞赛试题谈起	2014—07	18.00	350
贝齐尔曲线——从一道全国高中联赛试题谈起	即将出版		
拉格朗日乘子定理——从一道 2005 年全国高中联赛试题谈起	即将出版		
雅可比定理——从一道日本数学奥林匹克试题谈起	2013—04	48.00	249
李天岩-约克定理——从一道波兰数学竞赛试题谈起	2014—06	28.00	349
整系数多项式因式分解的一般方法——从克朗耐克算法谈起	即将出版		
布劳维不动点定理——从一道前苏联数学奥林匹克试题谈起	2014—01	38.00	273
压缩不动点定理——从一道高考数学试题的解法谈起	即将出版		
伯恩赛德定理——从一道英国数学奥林匹克试题谈起	即将出版		
布查特-莫斯特定理——从一道上海市初中竞赛试题谈起	即将出版		
数论中的同余数问题——从一道普特南竞赛试题谈起	即将出版		
范·德蒙行列式——从一道美国数学奥林匹克试题谈起	即将出版		
中国剩余定理:总数法构建中国历史年表	2015—01	28.00	430
牛顿程序与方程求根——从一道全国高考试题解法谈起	即将出版		
库默尔定理——从一道 IMO 预选试题谈起	即将出版		
卢丁定理——从一道冬令营试题的解法谈起	即将出版		
沃斯滕霍姆定理——从一道 IMO 预选试题谈起	即将出版		
卡尔松不等式——从一道莫斯科数学奥林匹克试题谈起	即将出版		
信息论中的香农熵——从一道近年高考压轴题谈起	即将出版		
约当不等式——从一道希望杯竞赛试题谈起	即将出版		
拉比诺维奇定理	即将出版		
刘维尔定理——从一道《美国数学月刊》征解问题的解法谈起	即将出版		
卡塔兰恒等式与级数求和——从一道 IMO 试题的解法谈起	即将出版		
勒让德猜想与素数分布——从一道爱尔兰竞赛试题谈起	即将出版		
天平称重与信息论——从一道基辅市数学奥林匹克试题谈起	即将出版		
哈密尔顿-凯莱定理:从一道高中数学联赛试题的解法谈起	2014—09	18.00	376
艾思特曼定理——从一道 CMO 试题的解法谈起	即将出版		

哈尔滨工业大学出版社刘培杰数学工作室
已出版(即将出版)图书目录

书　名	出版时间	定　价	编号
一个爱尔特希问题——从一道西德数学奥林匹克试题谈起	即将出版		
有限群中的爱丁格尔问题——从一道北京市初中二年级数学竞赛试题谈起	即将出版		
贝克码与编码理论——从一道全国高中联赛试题谈起	即将出版		
帕斯卡三角形	2014—03	18.00	294
蒲丰投针问题——从2009年清华大学的一道自主招生试题谈起	2014—01	38.00	295
斯图姆定理——从一道"华约"自主招生试题的解法谈起	2014—01	18.00	296
许瓦兹引理——从一道加利福尼亚大学伯克利分校数学系博士生试题谈起	2014—08	18.00	297
拉格朗日中值定理——从一道北京高考试题的解法谈起	2014—01		298
拉姆塞定理——从王诗宬院士的一个问题谈起	2014—01		299
坐标法	2013—12	28.00	332
数论三角形	2014—04	38.00	341
毕克定理	2014—07	18.00	352
数林掠影	2014—09	48.00	389
我们周围的概率	2014—10	38.00	390
凸函数最值定理：从一道华约自主招生题的解法谈起	2014—10	28.00	391
易学与数学奥林匹克	2014—10	38.00	392
生物数学趣谈	2015—01	18.00	409
反演	2015—01		420
因式分解与圆锥曲线	2015—01	18.00	426
轨迹	2015—01	28.00	427
面积原理：从常庚哲命的一道CMO试题的积分解法谈起	2015—01	48.00	431
形形色色的不动点定理：从一道28届IMO试题谈起	2015—01	38.00	439
柯西函数方程：从一道上海交大自主招生的试题谈起	2015—02	28.00	440
三角恒等式	2015—02	28.00	442
无理性判定：从一道2014年"北约"自主招生试题谈起	2015—01	38.00	443
数学归纳法	2015—03	18.00	451
极端原理与解题	2015—04	28.00	464
中等数学英语阅读文选	2006—12	38.00	13
统计学专业英语	2007—03	28.00	16
统计学专业英语(第二版)	2012—07	48.00	176
幻方和魔方(第一卷)	2012—05	68.00	173
尘封的经典——初等数学经典文献选读(第一卷)	2012—07	48.00	205
尘封的经典——初等数学经典文献选读(第二卷)	2012—07	38.00	206
实变函数论	2012—06	78.00	181
非光滑优化及其变分分析	2014—01	48.00	230
疏散的马尔科夫链	2014—01	58.00	266
马尔科夫过程论基础	2015—01	28.00	433
初等微分拓扑学	2012—07	18.00	182
方程式论	2011—03	38.00	105
初级方程式论	2011—03	28.00	106
Galois理论	2011—03	18.00	107
古典数学难题与伽罗瓦理论	2012—11	58.00	223
伽罗华与群论	2014—01	28.00	290
代数方程的根式解及伽罗瓦理论	2011—03	28.00	108
代数方程的根式解及伽罗瓦理论(第二版)	2015—01	28.00	423

哈尔滨工业大学出版社刘培杰数学工作室
已出版(即将出版)图书目录

书　名	出版时间	定　价	编号
线性偏微分方程讲义	2011—03	18.00	110
N 体问题的周期解	2011—03	28.00	111
代数方程式论	2011—05	18.00	121
动力系统的不变量与函数方程	2011—07	48.00	137
基于短语评价的翻译知识获取	2012—02	48.00	168
应用随机过程	2012—04	48.00	187
概率论导引	2012—04	18.00	179
矩阵论(上)	2013—06	58.00	250
矩阵论(下)	2013—06	48.00	251
趣味初等方程妙题集锦	2014—09	48.00	388
趣味初等数论选美与欣赏	2015—02	48.00	445
对称锥互补问题的内点法:理论分析与算法实现	2014—08	68.00	368
抽象代数:方法导引	2013—06	38.00	257
闵嗣鹤文集	2011—03	98.00	102
吴从炘数学活动三十年(1951～1980)	2010—07	99.00	32
函数论	2014—11	78.00	395
耕读笔记(上卷):一位农民数学爱好者的初数探索	2015—04	48.00	459
数贝偶拾——高考数学题研究	2014—04	28.00	274
数贝偶拾——初等数学研究	2014—04	38.00	275
数贝偶拾——奥数题研究	2014—04	48.00	276
集合、函数与方程	2014—01	28.00	300
数列与不等式	2014—01	38.00	301
三角与平面向量	2014—01	28.00	302
平面解析几何	2014—01	38.00	303
立体几何与组合	2014—01	28.00	304
极限与导数、数学归纳法	2014—01	38.00	305
趣味数学	2014—03	28.00	306
教材教法	2014—04	68.00	307
自主招生	2014—05	58.00	308
高考压轴题(上)	2014—11	48.00	309
高考压轴题(下)	2014—10	68.00	310
从费马到怀尔斯——费马大定理的历史	2013—10	198.00	Ⅰ
从庞加莱到佩雷尔曼——庞加莱猜想的历史	2013—10	298.00	Ⅱ
从切比雪夫到爱尔特希(上)——素数定理的初等证明	2013—07	48.00	Ⅲ
从切比雪夫到爱尔特希(下)——素数定理100年	2012—12	98.00	Ⅲ
从高斯到盖尔方特——二次域的高斯猜想	2013—10	198.00	Ⅳ
从库默尔到朗兰兹——朗兰兹猜想的历史	2014—01	98.00	Ⅴ
从比勃巴赫到德布朗斯——比勃巴赫猜想的历史	2014—02	298.00	Ⅵ
从麦比乌斯到陈省身——麦比乌斯变换与麦比乌斯带	2014—02	298.00	Ⅶ
从布尔到豪斯道夫——布尔方程与格论漫谈	2013—10	198.00	Ⅷ
从开普勒到阿诺德——三体问题的历史	2014—05	298.00	Ⅸ
从华林到华罗庚——华林问题的历史	2013—10	298.00	Ⅹ

哈尔滨工业大学出版社刘培杰数学工作室
已出版(即将出版)图书目录

书　　名	出版时间	定　价	编号
吴振奎高等数学解题真经(概率统计卷)	2012—01	38.00	149
吴振奎高等数学解题真经(微积分卷)	2012—01	68.00	150
吴振奎高等数学解题真经(线性代数卷)	2012—01	58.00	151
高等数学解题全攻略(上卷)	2013—06	58.00	252
高等数学解题全攻略(下卷)	2013—06	58.00	253
高等数学复习纲要	2014—01	18.00	384
钱昌本教你快乐学数学(上)	2011—12	48.00	155
钱昌本教你快乐学数学(下)	2012—03	58.00	171

书　　名	出版时间	定　价	编号
三角函数	2014—01	38.00	311
不等式	2014—01	38.00	312
数列	2014—01	38.00	313
方程	2014—01	28.00	314
排列和组合	2014—01	28.00	315
极限与导数	2014—01	28.00	316
向量	2014—09	38.00	317
复数及其应用	2014—08	28.00	318
函数	2014—01	38.00	319
集合	即将出版		320
直线与平面	2014—01	28.00	321
立体几何	2014—04	28.00	322
解三角形	即将出版		323
直线与圆	2014—01	28.00	324
圆锥曲线	2014—01	38.00	325
解题通法(一)	2014—07	38.00	326
解题通法(二)	2014—07	38.00	327
解题通法(三)	2014—05	38.00	328
概率与统计	2014—01	28.00	329
信息迁移与算法	即将出版		330

书　　名	出版时间	定　价	编号
第19~23届"希望杯"全国数学邀请赛试题审题要津详细评注(初一版)	2014—03	28.00	333
第19~23届"希望杯"全国数学邀请赛试题审题要津详细评注(初二、初三版)	2014—03	38.00	334
第19~23届"希望杯"全国数学邀请赛试题审题要津详细评注(高一版)	2014—03	28.00	335
第19~23届"希望杯"全国数学邀请赛试题审题要津详细评注(高二版)	2014—03	38.00	336
第19~25届"希望杯"全国数学邀请赛试题审题要津详细评注(初一版)	2015—01	38.00	416
第19~25届"希望杯"全国数学邀请赛试题审题要津详细评注(初二、初三版)	2015—01	58.00	417
第19~25届"希望杯"全国数学邀请赛试题审题要津详细评注(高一版)	2015—01	48.00	418
第19~25届"希望杯"全国数学邀请赛试题审题要津详细评注(高二版)	2015—01	48.00	419

书　　名	出版时间	定　价	编号
物理奥林匹克竞赛大题典——力学卷	2014—11	48.00	405
物理奥林匹克竞赛大题典——热学卷	2014—04	28.00	339
物理奥林匹克竞赛大题典——电磁学卷	即将出版		406
物理奥林匹克竞赛大题典——光学与近代物理卷	2014—06	28.00	345

哈尔滨工业大学出版社刘培杰数学工作室
已出版（即将出版）图书目录

书　名	出版时间	定　价	编号
历届中国东南地区数学奥林匹克试题集(2004～2012)	2014—06	18.00	346
历届中国西部地区数学奥林匹克试题集(2001～2012)	2014—07	18.00	347
历届中国女子数学奥林匹克试题集(2002～2012)	2014—08	18.00	348
几何变换（Ⅰ）	2014—07	28.00	353
几何变换（Ⅱ）	即将出版		354
几何变换（Ⅲ）	2015—01	38.00	355
几何变换（Ⅳ）	即将出版		356
美国高中数学竞赛五十讲.第1卷(英文)	2014—08	28.00	357
美国高中数学竞赛五十讲.第2卷(英文)	2014—08	28.00	358
美国高中数学竞赛五十讲.第3卷(英文)	2014—09	28.00	359
美国高中数学竞赛五十讲.第4卷(英文)	2014—09	28.00	360
美国高中数学竞赛五十讲.第5卷(英文)	2014—10	28.00	361
美国高中数学竞赛五十讲.第6卷(英文)	2014—11	28.00	362
美国高中数学竞赛五十讲.第7卷(英文)	2014—12	28.00	363
美国高中数学竞赛五十讲.第8卷(英文)	2015—01	28.00	364
美国高中数学竞赛五十讲.第9卷(英文)	2015—01	28.00	365
美国高中数学竞赛五十讲.第10卷(英文)	2015—02	38.00	366
IMO 50 年.第1卷(1959—1963)	2014—11	28.00	377
IMO 50 年.第2卷(1964—1968)	2014—11	28.00	378
IMO 50 年.第3卷(1969—1973)	2014—09	28.00	379
IMO 50 年.第4卷(1974—1978)	即将出版		380
IMO 50 年.第5卷(1979—1984)	即将出版		381
IMO 50 年.第6卷(1985—1989)	2015—04	58.00	382
IMO 50 年.第7卷(1990—1994)	即将出版		383
IMO 50 年.第8卷(1995—1999)	即将出版		384
IMO 50 年.第9卷(2000—2004)	2015—04	58.00	385
IMO 50 年.第10卷(2005—2008)	即将出版		386
历届美国大学生数学竞赛试题集.第一卷(1938—1949)	2015—01	28.00	397
历届美国大学生数学竞赛试题集.第二卷(1950—1959)	2015—01	28.00	398
历届美国大学生数学竞赛试题集.第三卷(1960—1969)	2015—01	28.00	399
历届美国大学生数学竞赛试题集.第四卷(1970—1979)	2015—01	18.00	400
历届美国大学生数学竞赛试题集.第五卷(1980—1989)	2015—01	28.00	401
历届美国大学生数学竞赛试题集.第六卷(1990—1999)	2015—01	28.00	402
历届美国大学生数学竞赛试题集.第七卷(2000—2009)	即将出版		403
历届美国大学生数学竞赛试题集.第八卷(2010—2012)	2015—01	18.00	404

哈尔滨工业大学出版社刘培杰数学工作室
已出版（即将出版）图书目录

书　名	出版时间	定　价	编号
新课标高考数学创新题解题诀窍：总论	2014—09	28.00	372
新课标高考数学创新题解题诀窍：必修 1～5 分册	2014—08	38.00	373
新课标高考数学创新题解题诀窍：选修 2－1,2－2,1－1,1－2 分册	2014—09	38.00	374
新课标高考数学创新题解题诀窍：选修 2－3,4－4,4－5 分册	2014—09	18.00	375
全国重点大学自主招生英文数学试题全攻略：词汇卷	即将出版		410
全国重点大学自主招生英文数学试题全攻略：概念卷	2015—01	28.00	411
全国重点大学自主招生英文数学试题全攻略：文章选读卷（上）	即将出版		412
全国重点大学自主招生英文数学试题全攻略：文章选读卷（下）	即将出版		413
全国重点大学自主招生英文数学试题全攻略：试题卷	即将出版		414
全国重点大学自主招生英文数学试题全攻略：名著欣赏卷	即将出版		415

联系地址：哈尔滨市南岗区复华四道街 10 号　哈尔滨工业大学出版社刘培杰数学工作室
网　　址：http://lpj.hit.edu.cn/
邮　　编：150006
联系电话：0451－86281378　　13904613167
E-mail：lpj1378@163.com